从零学Java设计模式

Practical Design Patterns for Java Developers

[美] 米罗斯拉夫 · 威格纳(Miroslav Wengner) 著

李宝珅 王贵财 译

图书在版编目（CIP）数据

从零学 Java 设计模式 /（美）米罗斯拉夫·威格纳 (Miroslav Wengner) 著；李宝珅，王贵财译．-- 北京：机械工业出版社，2024. 6. --（Java 核心技术系列）.

ISBN 978-7-111-75978-2

Ⅰ. TP312.8

中国国家版本馆 CIP 数据核字第 2024UE5260 号

机械工业出版社（北京市百万庄大街 22 号　邮政编码 100037）

策划编辑：王春华　　责任编辑：王春华

责任校对：李可意　张慧敏　景　飞　　责任印制：李　昂

北京捷迅佳彩印刷有限公司印刷

2024 年 9 月第 1 版第 1 次印刷

186mm × 240mm · 14.25 印张 · 302 千字

标准书号：ISBN 978-7-111-75978-2

定价：89.00 元

电话服务

客服电话：010-88361066

010-88379833

010-68326294

网络服务

机　工　官　网：www.cmpbook.com

机　工　官　博：weibo.com/cmp1952

金　　书　　网：www.golden-book.com

机工教育服务网：www.cmpedu.com

我还记得一开始在 Sun Microsystems 研究 Java 平台的那段时间。那时的日常工作后来成了我毕生的爱好。这本书献给我的好妻子 Tanja、我的好孩子 Maxi 与 Elli，以及我所有的家人，是他们给了我支持、灵感和动力，让我坚持完成了这本书。

——Miroslav Wengner

译者序 The Translator's Words

设计模式是软件开发者经常讨论的一个话题，这些模式总结了业界对常见问题的处理经验，并促使开发者探索新的做法。

从经典的《设计模式》[⊖]一书开始，有许多教程都在讲模式。本书的一个特点在于把 Java 这种成熟的编程语言以及该语言最近新增的功能与各种设计模式结合起来，告诉读者怎样充分发挥 Java 的特性与优势，从而更好地实现设计模式，避免陷入空谈概念而无法落实的境地。

设计模式的种类繁多，并且不断有新的模式出现，本书涵盖了 23 种传统的设计模式、11 种较为常见的模式，以及 8 种适用于多线程环境的并发模式。另外，本书还简要介绍了 13 种负面模式（即反模式）。作者讲解这些模式的时候，不仅给出了简洁、直观的范例代码，而且还利用 UML 类图与 JFR 工具展示了运用该模式的程序所具备的架构及运行细节，让读者能够更全面地了解模式对代码结构的影响，以及模式与 Java 虚拟机的交互情况。

设计模式是为了应对需求而产生的，每一个开发者与开发团队都会根据自身的需求与开发环境，以不同的方式运用模式。读者可以在本书的实现方式与其他实现方式之间进行对比，甚至结合各种实现方式来构建符合当前需求的解决方案。

在翻译本书的过程中，我们得到了机械工业出版社各位编辑的帮助，在此深表谢意。

由于译者水平有限，错误与疏漏在所难免，请大家访问 https://github.com/jeffreybaoshenlee/pdpjd-errata/issues 或发邮件至 jeffreybslee@163.com，给予批评和指教。

李宝珅

2023 年 8 月 29 日

⊖《设计模式：可复用面向对象软件的基础》，由机械工业出版社出版，中文书号 978-7-111-76023-8。——编辑注

Foreword 序

2021年11月，有一位资深的Java开发者对我说：

“我做高级工程师差不多20年了，但我不知道怎么继续提高水平。”

有这种感觉的人很多。他们提到的时间未必都是20年，但总之，有许多开发者与工程师做到“资深”或“高级”（也就是senior）这个层面之后，都觉得很难再进步了。

别误会，我不是说senior不好！

到了这个级别，你可能会拿到很好的项目，可能会使用很棒的技术，可能会处理复杂的问题，也可能会面临深层的技术挑战。

但是有一天，你或许会像刚才那位开发者一样，突然觉得自己还想做点什么，比如想对项目的发展方向施加更大的影响，想在工作中有更大的独立自主权，或者想给其他开发者提供更多的启发与指导。

以前经常有人跟我说起这种感觉，但那一次尤其让我关注。因为那天在聊工作之前，我看到了JCP（Java Community Process）的选举结果。我的朋友Miroslav Wengner（也就是Miro）获选为执行委员会（Executive Committee，EC）的执行委员，JCP是一套给Java技术制定标准的工作流程。

一说到这里，我就总是想起以前的事……

第一次遇见Miro，是我们在Sun Microsystems公司（Java技术就是由Sun创建的）的NetBeans团队共事的时候。Miro和前面提到的那位开发者一样，也做了多年Java开发。那时我跟他详细聊过一次开发工作，他当时同样在senior职位上待了好些年，但并没有就此满足。几年之后的今天，Miro早就超越了senior层面：他自由安排工作，发表技术演讲，做开源项目，给OpenJDK的Java Mission Control项目提交内容，还成为Java Champion，并且是JCP EC的一员，他就差写一本书了！

其实你也可以像Miro这样走得更远：打造自己的技术品牌，摆脱大家对senior开发者的刻板印象，更积极地推进你的项目，影响你的公司，乃至改变整个世界。

那怎么才能超越 senior 层面呢？这正是这本书要讲的问题。

这本书吸引我的地方在于它讲了设计模式的重要作用，那就是帮助我们超越 senior 级别。到了 senior 之后，有人可能想改做管理，有人可能想继续做技术，并达到 staff（主管）级别乃至成为更高级别的工程师，还有人可能想成为自由职业者或进行自主创业。无论如何，这都要求你在保证代码品质的同时，必须有更强的责任心。

设计模式和代码当然是直接相关的，但模式本身并不等同于代码，它有着自己的意义。模式，是把行之有效的解决方案封装起来，帮助我们解决那些在设计高品质软件时经常遇到的难题。它并不局限于某段特定的代码或某个特定的项目，而是为我们提供一套说法，让我们可以用这套说法来交流，以描述并解决问题。超越 senior 层面是为了让自己的职业前景更加广阔。刚开始，你可能是以高级开发者或资深开发者的身份来做项目的，但你在该过程中可以参与许多事情，从而增强自己的影响力。

掌握设计模式可以让你更快地超越当前的项目，并且更为积极地参与公司乃至整个行业的其他项目。你或许还能帮助大家调整技术的发展方向，例如，你可以参与开源项目、加入软件基金会，也可以进入标准化组织（Miro 就是这样，他在 JCP EC 里面参与 Java 标准的制定工作）。

那么，如何才能掌握设计模式呢？这正是这本书要教给你的。你会知道怎样在 Java 生态系统中运用各种各样的设计模式，你不仅能理解这些模式所依据的理念以及它们所采用的术语，而且能看到实际的解决方案，从而了解这些模式在日常的软件开发工作中所起的作用。

Miro 还有个厉害的地方，就是他能把软件跟实物联系起来。他有个开源项目 Robo4j，获得过 Duke’s Choice Award 奖，该项目能让你用 Java 代码操控机器人与无人机。我很高兴看到 Miro 能用同样的方法讲解设计模式。这本书也是采用各种交通工具及其部件来举例的，这些例子会借助 Java 17 与后续版本的新特性，帮助大家把设计模式运用到现实中，以解决实际而具体的问题。

你是不是已经准备开始打造自己的技术品牌、发展自己的事业，并努力超越 senior 层面了？了解这些模式能够帮助你融入团队，让你与同事顺畅地沟通，并在重要决策上获得发言权。

Bruno Souza

首席顾问、Java Champion，JCP EC 执行委员

Twitter：@brjavaman

个人网站：https://java.mn

Preface 前　言

Java语言是一种工具，能够跟一套相当丰富的平台进行交互，这套平台提供了许多用来开发应用程序的特性。本书以实用的设计模式为例，讲解了Java近年来在改善语法方面取得的进展，同时在实现这些模式的过程中展示了语言特性、设计模式与平台效率之间的关系。大家会看到怎样用这些理论基础提升源代码的效率，令代码更加易于维护与测试。这些内容能够帮助读者应对各类任务，让大家知道如何用可持续且清晰透明的方案处理各种编程难题。

目标读者

本书写给所有求知若渴的软件工程师，他们想要详细了解Java平台以及Java语言的新特性，以求提升软件设计水平。

本书内容

第1章讲解与源代码设计结构有关的基础知识，以及一些能够让代码易于维护、易于阅读的原则。

第2章讲解Java平台这一丰富而强大的工具。该章会详细讲解Java平台的特性、功能和设计，为理解Java设计模式的目标与价值奠定基础。

第3章讲解对象实例化，这是所有应用程序的关键部分。该章介绍了如何在牢记需求的前提下做好对象实例化。

第4章讲解如何编写源代码，以便清楚地表示程序用到的对象之间的关系。

第5章讲解如何编写源代码，让对象可以进行通信和交换信息，同时保持代码透明。

第6章讲解Java平台及其并发环境的本质。理解了这一点，我们就能明白如何利用并发来更好地满足应用程序的需求。

第7章讲解我们在开发应用程序的过程中可能会遇到的反模式。该章将告诉你这些反模式出现的缘由、如何识别反模式，并提出一些消除反模式的办法。

准备工作

为了执行书中的源代码与指令，你需要安装下列工具：

软件 / 硬件	操作系统
（必须安装）Java Development Kit（JDK）17或更新的版本	Windows、macOS或Linux
（建议安装）IDE（Integrated Development Environment，集成开发环境）VSCode 1.73.1或更新的版本	Windows、macOS或Linux
（必须安装）某种文本编辑器或IDE	Windows、macOS或Linux

本书要求安装JDK 17或更新版本。请在操作系统中执行下列命令，以检查系统中是否安装了JDK：

- 如果用的是Windows系统，那就打开命令提示符（Command Prompt）窗口，并执行`java-version`命令。
- 如果用的是Linux或macOS系统，那就在命令提示符（或者终端）界面执行`java-version`命令。

如果执行结果如下，则说明系统已经安装了JDK：

```
openjdk version "17" 2021-09-14
OpenJDK Runtime Environment (build 17+35-2724)
OpenJDK 64-Bit Server VM (build 17+35-2724, mixed mode,
sharing)
```

如果你的计算机还没安装JDK，那就访问`https://dev.java/learn/getting-started-with-java/`页面[⊖]，按照其中给出的步骤安装JDK。网页（`https://jdk.java.net/archive/`）给出了适用于各种操作系统的JDK安装包，你可以从中选择自己想要安装的版本。

请访问`https://code.visualstudio.com/download`以下载并安装Visual Studio Code（简称VSCode）。

VSCode终端界面的用法参见`https://code.visualstudio.com/docs/terminal/basics`。

⊖ 现在的网址是`https://dev.java/learn/getting-started/#setting-up-jdk`。——译者注

下载范例代码

书中的范例代码及其更新可以从 https://github.com/PacktPublishing/Practical-Design-Patterns-for-Java-Developers 下载。

下载彩色图像

我们还提供了一份 PDF 文件，书中的截图与彩色图像都能在该文件中找到。它的下载网址是 https://packt.link/nSLEf。

排版约定

本书使用了以下排版约定。

代码体：表示文本中的代码字、数据库表名、文件夹名、文件名、文件扩展名、路径名、虚拟 URL、用户输入，以及 Twitter 账户名。例如，“我们来看看开发 `Vehicle` 类的一般流程。”

代码块如下所示：

```
public class Vehicle {
    private boolean moving;
    public void move(){
        this.moving = true;
        System.out.println("moving...");
    }
```

如果某段代码中有一些内容需要强调，那么相关的行或项会加粗：

```
sealed interface Engine permits ElectricEngine,
    PetrolEngine  {
    void run();
    void tank();
}
```

命令行界面里的输入与输出如下所示：

```
$ mkdir main
$ cd main
```

粗体：表示新术语、重要词汇或出现在屏幕上的文字（例如，菜单或对话框中的文字就会印刷成**粗体**）。例如，“字节码运行在 **Java 虚拟机**（Java Virtual Machine，JVM）中。”

提示或者重要说明

这些内容放在文本框中。

审校者简介 *Introduction to revisers*

Werner Keil 为世界 500 强企业中不同行业的客户和 IT 供应商提供服务，工作领域涵盖敏捷、BDD、云原生 DevOps、Java、Java EE/Jakarta EE、物联网、安全和微服务。他有 30 多年的工作经验，在多个部门担任过项目经理、教练、软件架构师以及顾问，是 Eclipse Committer 和 Apache Committer，以及 JSR 的 JCP 成员。Werner 获得过多个 JCP 奖项，包括“Member of the Year”与“Outstanding Spec Lead”，并且是东欧大型 Java 会议 Java2Days 的“Speaker of All Times”。他还是 Eclipse Babel Language Champion、Eclipse UOMo 项目负责人，以及 Jakarta EE Specification Committee 的提交者成员。

Contents 目 录

第二部分 用 Java 语言实现标准的设计模式

第三部分 其他重要的模式与反模式

第一部分 *Part 1*

设计模式与 Java 平台的功能

这一部分将介绍软件设计模式的目标。我们会概述面向对象编程的几个基本概念，也就是A（抽象）、P（多态）、I（继承）、E（封装），以及SOLID设计原则，还会介绍Java平台的基本功能，这些功能对如何有效利用设计模式很重要。

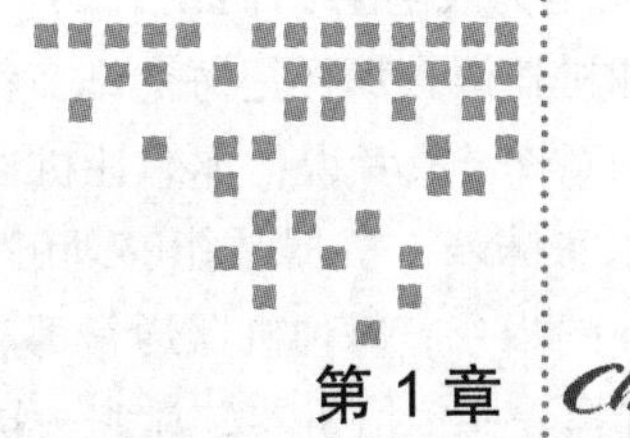

第1章 Chapter 1

软件设计模式入门

每一位软件架构师与开发者都会经常遇到如何组织代码结构的问题，我们总想把代码的结构安排好，让程序的各部分彼此协调，像一幅画一样漂亮。这一章要讲的就是怎么安排代码。我们会看到一些与代码的结构和组织有关的问题。笔者会告诉大家，在面对这些问题时，必须尽早从A、P、I、E的角度入手，而这四个概念，也正是面向对象编程的基础。另外，笔者还会讲到SOLID原则，这套原则有助于我们清晰地理解设计模式。

学完本章，你将知道编程的一些基本概念，这些概念是本书后续各章的基础。

1.1 技术准备

本章的代码文件可以在GitHub仓库里面找到，网址为`https://github.com/PacktPublishing/Practical-Design-Patterns-for-Java-Developers/tree/main/Chapter01`。

1.2 编程：从符号到程序

我们说话的方式有很多种，能够表达出的意思也远超词汇本身。人类能够用名词、动词、形容词等词语准确表达某一时刻的感受或者某个动作。但与之相比，机器却没有办法像人一样理解一些比较复杂的指令与说法。

机器语言的词汇有限，它所支持的表达方式是有严格定义的，而且定义得很具体，这些方式与人类的语言相比，显得较为单纯。机器语言的目标是准确地表达意图，换句话说，机器语言就是为表达意图而设计的。这与人类的语言不同，我们讲话可能只是为了交流，而且不用像机器语言那样把每个细节都说得很具体。

机器的意图（或者说，你想让机器去做的事情）可以用一条或一组具备明确定义的指令来表达。这意味着，机器是能够理解指令的。然而，机器在执行指令时，必须能以某种形式拿到这样的指令。每种机器通常都有它自己的一套指令。你可以从这套指令（或者说指令集）里面选择一些传给机器，让它去执行，机器执行指令的流程如图 1.1 所示。

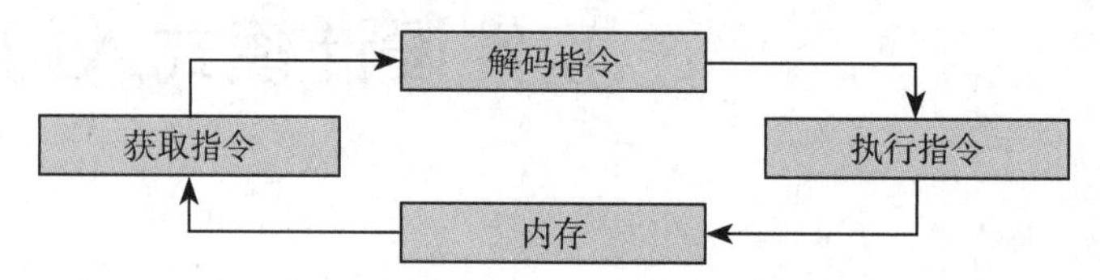

图 1.1 CPU 内部的指令循环简图（CPU 是从内存获取指令的，指令的执行结果也存储到内存中）

现在我们来探讨单个指令。指令，可以理解成发布给处理器的一条命令。处理器是计算机的核心，或者说，是计算机排列并执行指令时不可缺少的中心组件。一台计算机可能只有一个处理器，也可能有多个处理器。究竟是哪种情况，要看计算机的设计。但无论如何，对于某一条具体的指令来说，总是会有一个处理器来处理。为了讲得简单一些，我们假设系统中只有一个用来执行程序的**中央处理器**（Central Processing Unit，CPU）。

CPU 是一种用来执行指令的设备，而计算机程序实际上就是由一些指令组成的。每一种 CPU 都必须有它的指令集，图 1.1 里的指令必须是这套指令集中的指令，只有这样，CPU 才知道怎么处理。

各种 CPU 所使用的指令在形式上可能区别很大，这没有统一的标准。于是，我们会看到许多 CPU 平台，这不一定是坏事，因为这样可以促进 CPU 的发展。然而问题在于，无论哪一种形式的指令，人类解读起来都不是特别容易。

我们刚才说了，计算机能够执行指令集中的指令，而且理想情况下是连续不断地执行。可以简单地把这样的一条指令流（flow of instruction）想象成内存中的一个队列（queue），每次都有一条指令进来，同时也有一条指令离开。离开的这条指令就是排在队列最前面的指令，它会被 CPU 获取并得到处理。CPU 相当于解释器（interpreter），它反复从内存中获取指令，如图 1.1 所示。CPU 负责解释指令，可是内存中等着由它来解释的这些指令来自何处？它们又是怎么汇聚成一条指令流的呢？

仔细想想，其实计算机指令在大多数情况下都是由编译器（compiler）产生的。

什么是编译器？编译器可以看成一种针对特定 CPU 或特定平台的程序，它把文本转换成能够在这种 CPU 或平台上执行的操作。这里的文本就是我们自己编写的源代码，这些源代码会由编译器转换为机器码（machine code），以便在特定的平台执行。这个流程如图 1.2 所示。

图 1.2 源代码经由编译器处理变为能够在特定的目标平台上执行的机器码

机器码是一种能够为计算机所理解的底层语言（low-level language），这种语言中的指令可以由CPU一条一条地处理（参见图1.1）。编译器就是要把你所写的源代码编译为由机器码所组成的程序，使得这个程序能够在特定的平台上运行。

我们在用Java语言编程的时候，没有机器码这个概念。

Java源代码由Java编译器编译为字节码（bytecode）。字节码是运行在**Java虚拟机**（Java Virtual Machine,JVM）上的（参见图1.3）。Java虚拟机是字节码与目标平台（或者说，目标CPU）之间的一个接口，它会把字节码转换成能够在这种CPU上执行的指令。这样的转换由**JIT编译器**（Just-In-Time compiler）来完成，它是JVM的一部分。JIT编译器把字节码转换成能够在具体的处理器上执行的指令。JVM本身能够针对特定平台来解释字节码，它的地位相当于图1.2中的机器码。此外，JVM还有其他一些特性，例如，内存管理与垃圾收集等，这些特性使得Java成为一个强大的开发平台。前面说的种种特性，让开发者只需要把自己写的Java代码编译一次就好，编译而成的字节码能够在Java虚拟机所支持的任何一种平台上运行，这就是**一次编写，到处运行**（Write Once，Run Anywhere，WORA）。

图1.3 用Java语言写成的源代码，经由Java编译器处理，变为不针对特定目标平台的字节码，Java虚拟机负责在特定的目标平台上执行这些字节码

根据刚才讲的内容，Java应该是一种高级语言（high-level language），它经由Java虚拟机转化为底层的（也就是低级的）机器码。Java对计算机的细节做了大幅度的抽象，使得开发者能够用简单的代码实现出复杂的功能，并确保这些功能可以在多种计算机上运作。

目前，我们讨论了通用的解决方案。接下来，我们将会从内存的角度谈谈如何在保证代码易于维护、易于扩展的前提下，降低它的内存占用量。最后我们将讨论各种设计模式，让这些模式帮助我们在日常工作中写出清晰易懂而且更有意思的代码。

1.3 OOP与APIE

在上一节中，我们讨论了用高级语言编写的程序代码最终会转换成CPU能够处理的机器指令。我们为什么要用高级语言来编写程序呢？因为高级语言提供了一套框架，你只需要遵照这种语言的标准来编写代码就能把自己的意思表达出来。这样的语言，通常都提供许多巧妙的结构或语句，让你尽情发挥想象力，将自己想要实现的功能写出来。如果某种语言是**面向对象编程**（Object-Oriented Programming，OOP）语言，那么你就需要用对象（object）这一核心概念来表达你的意思。本书专注于Java语言。Java是一门完全面向对象的语言，它不仅符合OOP语言的基本要求，而且还提供其他一些特性。面向对象语言究竟意味着什么呢？在计算机领域，这意味着用这种语言编写程序的时候，开发者需要专注于类这个概念，其中某个类的实例称为该类的对象。接下来，我们会再次强调OOP范式的重要性，并讲解 OOP 的一些基本概念。

这些基本概念可以浓缩成 APIE 这个词，这四个字母分别是 Abstraction（抽象）、Polymorphism（多态）、Inheritance（继承）与 Encapsulation（封装）的首字母。抽象、多态、继承与封装是 OOP 语言的四个基本支柱。下面我们将分别用一小节来讲解这四个概念，但我们反过来讲，也就是按照 EIPA 的顺序，先讲封装，然后讲继承，接下来讲多态，最后讲抽象。这样安排是为了让大家更清晰地理解 OOP。

1.3.1 封装——只公布那些必须公布的信息

按照反向次序，我们首先要讲的是封装。OOP 语言（也包括 Java 语言），要用类这个概念把程序搭建起来。某一个类就好比某一种车。类中的字段在我们创建了该类的一个实例（或者说，在计算机内存中分配了该类的一个实例）之后就可以使用了。定义在类中的方法也是如此。有了该类的某个实例，我们就能在这个实例上调用该类所定义的方法，某个类定义了某个方法正如某种车辆具备某项功能。这些方法能够操纵对象的字段，以改变该字段的值。如果用车辆来打比方，那就是车辆的功能可以改变这辆车的内部状态（参见范例 1.1）。

范例 1.1 用 Vehicle 类隐藏车辆的内部状态（moving）

```
public class Vehicle {
    private boolean moving;
    public void move(){
        this.moving = true;
        System.out.println("moving...");
    }

    public void stop(){
        this.moving = false;
        System.out.println("stopped...");
    }
}
```

我们以车辆为例来理解封装这一概念。在这辆车里面，所有的内部元件与内部功能都不为驾驶者所知。这辆车只把它必须提供的部件与功能（例如，方向盘）公布给驾驶者，令其能够通过这些部件与功能来控制这辆车。这就是封装的一般原则。我们只把必须让用户知道的方法或字段公布出来，令其能够通过这些方法与字段修改或更新该实例的状态，除此之外的所有内容都不让外界知道。例如，对象内部的数组就不应该公布给外界，你应该做的是提供一些方法，让用户通过这些方法修改此数组。这个问题我们将在后面再讲，这里只是先提一下。

1.3.2 继承——在应该创造新类的时候创造

在上一小节中，我们假想出了一种车，这种车把不需要让驾驶者知道的东西全都封装了起来。这意味着驾驶者只需要开车就行了，不用管发动机是怎么运转的。

本小节要讲的是继承，这个概念将在下一个范例中演示。这里我们先假设这辆车的发动机坏了，那么怎样换发动机呢？我们的目标是用一个能够运转的发动机来替换目前这个已经坏掉的发动机。新的发动机跟现在这个发动机的运转方式未必完全相同，因为目前这种车型的某些部件市面上可能已经买不到了，所以，你很难找到一个跟现在这个发动机的运作方式一模一样的发动机。

为了描述新的发动机，我们可以套用现在这个发动机的各项属性与功能，而不必重新定义什么是发动机。放在类的语境中，这意味着，我们应该在类体系中新建一个子类，让这个子类继承现有的发动机类，以表示新的发动机。

新的发动机跟原来那个未必一模一样，而且这两个对象的标识符也不相同，但原来那个发动机所具备的属性，新的发动机同样具备（或者说，这个新发动机类继承了原发动机类的各项属性）。

这就是 OOP 的第二个基本概念——继承。它让我们能够在现有的某个类下衍生一个子类，以突出这种子类的特性，或者反过来说，让我们能够在现有的某些类上提取一个超类，以概括这些类的共性。另外，我们在设计软件的时候必须注意，不要让子类去依赖超类的实现细节，否则会破坏刚才讲的 OOP 第四支柱——封装。

1.3.3 多态——根据需要表现出不同的行为

按照 EIPA 的顺序，我们要讲的第三个概念是多态[⊖]。多态可以理解为多种形态。那什么是多种形态呢？

以上一小节的车辆为例，这就好比某些功能可以用多种方式来执行。具体到 `Vehicle` 类，我们可以说它的 `move` 方法能够根据用户的输入或者该实例的状态表现出不同的行为。

Java 有两种多态，这两种多态的意思是不一样的，下面就来详细解释。

1.3.3.1 方法重载

这种多态叫作静态多态（static polymorphism）。这意味着，程序在编译的时候，从多个同名方法中把正确的那个方法选出来，由于方法判定发生在编译期（compile time，也称为编译时），所以称作**静态**多态。Java 中的静态多态（也就是方法重载，method overloading）有以下两种实现方式：

- 在参数个数相同的前提下按照参数的类型重载，如图 1.4 所示。

```
class Vehicle
---------------
public void move(int speed)
public void move(double speed)
```

图 1.4 通过改变参数的类型来重载 `Vehicle` 类的 `move` 方法

⊖ 多态这个词的英文是 polymorphism，前缀 poly- 表示多，后缀 -morphism 表示具备某种特定的形态（shape）或形式（form），其中的 morph 源自古希腊语 μορφή（morphē），是 shape 或 form 的意思。——译者注

❑ 按照参数的个数重载，如图 1.5 所示。

```
class Vehicle
--------------
public void move(int speed)
public void move(int speed, boolean forward)
```

图 1.5 通过变更参数的个数来重载 Vehicle 类的 move 方法

下面来看另一种多态。

1.3.3.2 方法覆写

这种多态叫作动态多态（dynamic polymorphism）。这意味着程序究竟执行一组同名方法中的哪一个方法，要到运行时（runtime）再决定。受到覆写的方法需要在指向某个对象（或者说，某个子类实例）的引用上调用，而这个引用，通常声明为超类类型。下面举个简单的例子来演示这一点。假设我们把 Vehicle 类当作超类使用（参见图 1.6 与范例 1.2），这个超类里已经有了名叫 move 的方法。

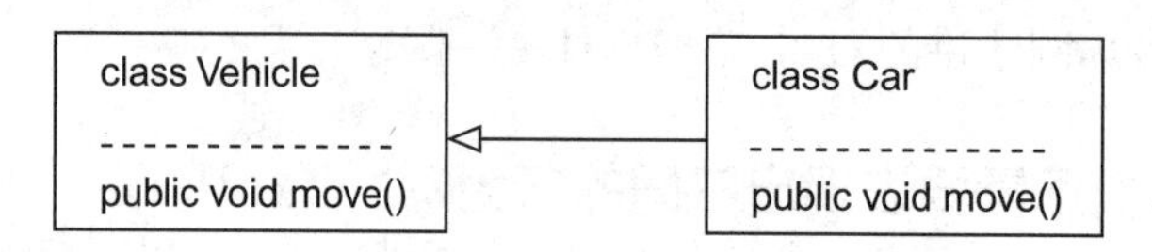

图 1.6 子类覆写超类中的同名方法

现在，我们给 Vehicle 创建一个子类，叫作 Car，并且让 Car 中也有一个叫作 move 的方法。子类的 move 方法的行为与超类中的同名方法稍有区别，因为子类的对象都是 Car 实例，而不是一般的 Vehicle 实例，这种实例的移动速度比 Vehicle 实例快一些。

范例 1.2 Vehicle 型的 vehicle 变量引用的是个 Car 类的实例，程序执行时调用的是该实例所属类的 move 方法（参见图 1.6）

```java
public class Vehicle {
    public void move(){
        System.out.println("moving...");
    }
}
public class Car extends Vehicle {
    @Override
    public void move(){
        System.out.println("moving faster.");
    }
}

Vehicle vehicle = new Car();
```

```
vehicle.move();

output: moving faster...
```

我们将在第 3 章中再详细讲解这个话题。

1.3.4 抽象——从细节中提取一套标准功能

现在我们来讲 OOP 的最后一个基础概念，也就是抽象（Abstraction），这个概念在 OOP 的四大支柱之中排在首位，它是 APIE 中的 A。抽象就是把一批对象的具体细节去掉，让这些对象的共性（或者说，让这些对象都应该支持的那一套通用功能）浮现出来。

为了让大家理解这个概念，我们还是以车辆为例。我们并不想刚一开始就直接描述某种具体的车，而是想先把所有车辆在我们关注的范围内都应该支持的一套功能 [例如，移动（move）、停止（stop）等] 给定义出来。明确了这套功能，我们就可以创建出适当的抽象（例如，一个抽象类），稍后再让某种具体的车辆继承这个类（参见范例 1.3）。

这样设计使我们能够暂时抛开各种车辆的差异，把重点放在所有车辆都应支持的通用功能上。而且，这么做还能减少代码，并让这些代码可复用。

Java 中的抽象可以通过以下两种方式实现：

- 用带有抽象方法的抽象类来实现（参见范例 1.3 和图 1.7）。

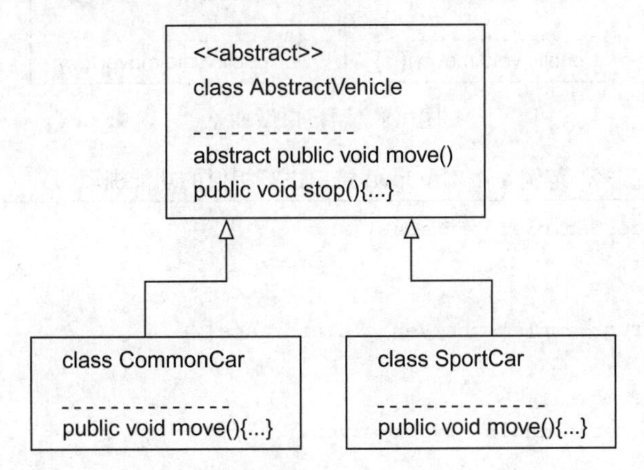

图 1.7 用 AbstractVehicle 这个抽象类表示车辆的共性，并让 CommonCar 与 SportCar 实现该类

范例 1.3 在抽象类中描述共有的功能，但不对这些功能做特定的实现

```java
public abstract class AbstractVehicle {
    abstract public void move();
    public void stop(){
        System.out.println("stopped...");
    }
}
public class CommonCar extends AbstractVehicle{
```

```
    @Override
    public void move() {
        System.out.println("move slow...");
    }
}
public class SportCar extends AbstractVehicle{
    @Override
    public void move() {
        System.out.println("move fast...");
    }
}
```

❑ 用接口来实现，接口中的方法相当于抽象方法（参见范例 1.4 和图 1.8）。

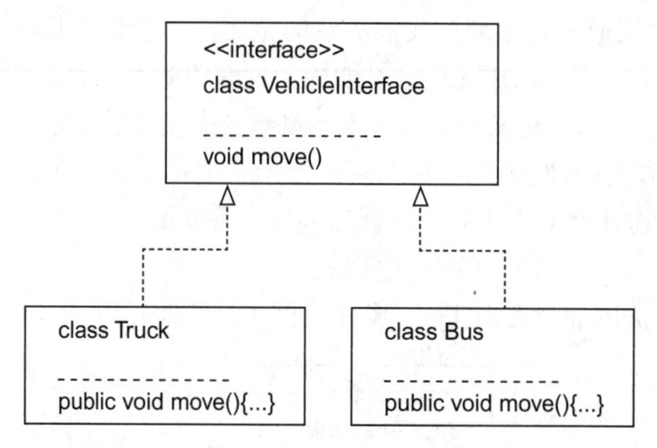

图 1.8　用接口做抽象

范例 1.4　用 Java 接口进行相似的功能提取

```
public interface VehicleInterface {
    void move();
}
public class Truck implements VehicleInterface{
    @Override
    public void move() {
        System.out.println("truck moves...");
    }
}
public class Bus implements VehicleInterface{
    @Override
    public void move() {
        System.out.println("bus moves...");
    }
}
```

这两种抽象概念实现方式也可以结合着使用，如图 1.9 所示。

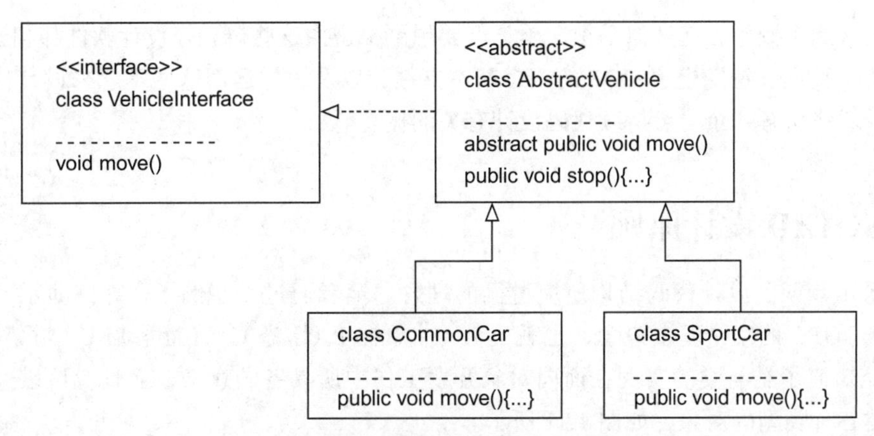

图 1.9 把两种抽象概念实现方式结合起来

抽象类与接口在设计代码结构的时候都有着各自的意义。具体怎么用，要看你的需求。总之，这两种办法都能让代码变得更容易维护，并且让你能够更为流畅地运行设计模式。

1.3.5 把抽象、多态、继承、封装这四个概念贯穿起来

前面几小节提到的每一种概念都是为了让代码的结构变得更好。这些概念有各自的作用，彼此之间又互为补充。我们现在以一种事物为例来介绍如何将这些概念贯穿起来，这种事物指的是表示车辆的 Vehicle 类及其实例。我们会把实例中的逻辑与数据封装起来，并通过方法公布给外界。我们把所有车辆都应具备的共性提取到抽象类或接口之中，这样，在设计一款新车时，就可以继承或实现已有的抽象类或接口，而不用从头开始写。公布给外界的方法，其行为可以通过多态技术予以定制，使得每一种具体的车辆，都能表现出与该车辆相对应的特殊行为。另外，方法还可以提供参数，让用户通过传入不同的参数值来调整实例的行为或修改实例的内部状态。我们构想一种新车的时候，总是可以先考虑一下这种车与目前的这些车之间还有哪些共性，并把这些共同的行为提取到抽象类或接口之中。

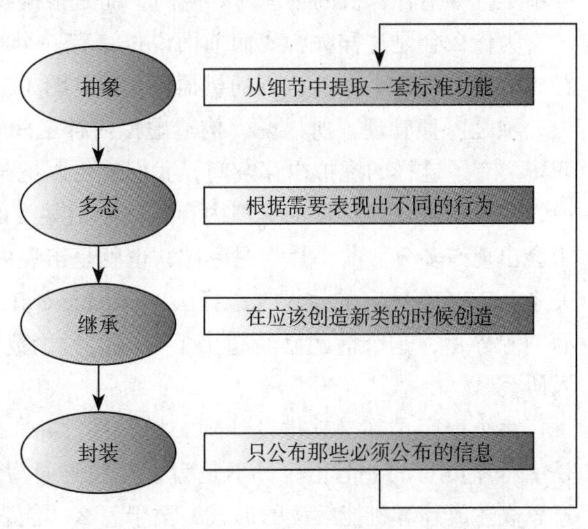

图 1.10 将 APIE 视为一个持续改进的过程

下面我们用开发 Vehicle 类体系的过程将刚才说的意思演示一遍，如图 1.10 所示。每次定义新车模型的时候，我们总是应该先想一想它跟现有的车有什么共同的特征，并把这些特征提取到抽象类或接口之中。

虽然这四个概念看起来似乎很简单，但要想严格遵照这些概念来设计软件却相当困难。

目前，我们已经知道了 OOP 的四个基本支柱，以及怎样运用这些理念来设计代码。接下来，我们将讲解几个与可持续代码设计有关的概念。

1.4 SOLID 设计原则

前面几节谈了设计代码结构所应遵循的理念。笔者通过一些例子，详细演示了面向对象编程（OOP）的四个基本概念，也就是 A（抽象）、P（多态）、I（继承）、E（封装）。大家应该已经知道了类与类的实例在面向对象开发工作中所具备的意义，而且应该已经明白了如何创建各种类型的对象，如图 1.11 所示。

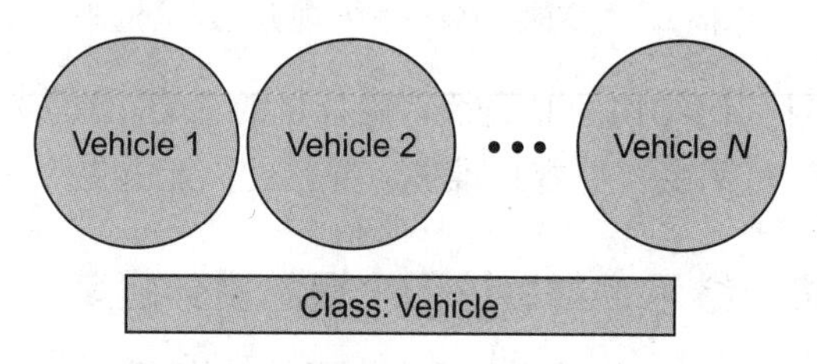

图 1.11 有了 Vehicle 这个类，我们就能创建任意多个（或者说，*N* 个）该类的实例，这些实例都是 Vehicle 类的对象（*N* 为正整数）

类能够加以实例化从而产生该类的一个实例，这个实例也称为该类的一个对象。计算机必须在当前可用的内存空间（free memory，即空闲内存）中找个地方来安置这个对象。于是我们可以说，对象促使计算机为其分配内存空间。但具体到 Java 这门语言，这个空间并不是直接指计算机的物理内存空间，而是根据物理内存空间构造的虚拟空间。

为什么会是这样呢？我们前面说过，有一个叫作 JVM 的东西负责把编译过的字节码解释成能够在特定平台上执行的机器码（参见图 1.3）。当时我们提到了 JVM 的各种功能，其中一项是内存管理。所以说，构造**虚拟内存空间**（virtual memory space）正是 JVM 的一项职责。有了这样的虚拟内存空间，我们就可以把某类的某一个实例安置在这个空间中（或者说，我们就可以在这样的虚拟内存空间中给某类的某一个实例分配内存）。时间久了，空间中会出现许多分散的小片空白区域，也就是出现内存碎片（memory fragmentation），不过没关系，JVM 有特定的垃圾收集算法（garbage collection algorithm）能够清理无用的对象，从而消除碎片，这个话题已经超出了本书的讨论范围，大家可以查阅本章的参考资料，以深入研究。

每个程序员都是软件设计师，只不过，并非所有人都能立刻意识到这一点。代码当然是由程序员写的，但程序员不是为了写代码而写代码的，程序员是要通过写代码，把某个意思表述成计算机能解读的形式，至于怎么才能表述得准确、清晰，这就要靠设计了。

软件开发的手法已经演化了好几代，而且有许多文章都讨论过如何设计易于维护、易于复用的软件。其中一个重要节点出现在2000年，Robert C.Martin（Bob大叔）发表了一篇论文“*Design Principles and Design Patterns*”（参见本章的参考资料）。这篇论文讨论了软件开发中的一些设计与实现技术。2004年，出现了一个首字母缩略词，用来概括这些技术，这个词就是SOLID。

SOLID原则是为了帮助软件设计者做出良好的软件，让软件的结构更加持久，更容易复用，也更容易扩展。下面几小节将分别讲解SOLID中每个字母所对应的原则。

1.4.1 单一功能原则——每个类只负责一件事

SOLID原则的第一条是S，表示SRP（Single-Responsibility Principle，单一功能原则），这条原则清楚地指出应该如何设计类。每个类都只应该有一个存在的理由。换句话说，每个类都只应该为负责完成某一项功能而存在。这个类需要把它所负责完成的这一部分功能给封装起来。下面我们举例解释这条原则。还是以车辆为例，我们扩展车辆的Vehicle类，创建两个类——Engine与VehicleComputer，如图1.12所示。

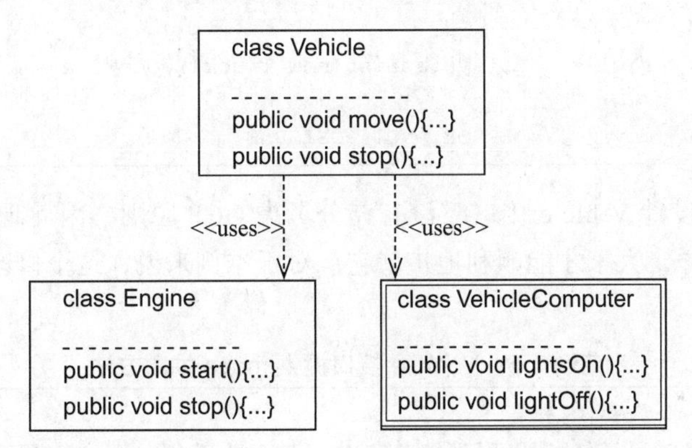

图1.12 Vehicle类的实例会利用Engine与VehicleComputer类来让整个车辆正常运作，但Vehicle本身并不负责那两个类各自所应负责的事情，而且那两个类之间的分工也很明确

发动机（Engine）可以启动（start）也可以停止（stop），这都是它应该支持的功能，但`Engine`类不需要控制车灯。控制车灯是`VehicleComputer`类的职责。

1.4.2 开闭原则

开闭原则（Open-Closed Principle，OCP）的意思是，我们设计类或实体的时候，应该考虑让这个类或实体“对扩展开放，但是对修改封闭”[⊖]。这条原则与前面讲过的一些概念也有联系。比方说，我们设计了一个用来表示车辆的`Vehicle`接口给大家用，于是，有人就想让`Car`与`Truck`这两个类来实现`Vehicle`接口，因为它们都属于车辆。而且他们会

⊖ 大致可以理解为：它应该很容易让别的类去扩展，但它本身并不需要频繁修改。——译者注

认为，用来描述车辆共性的 Vehicle 接口有一个 move 方法，用来让车辆移动。

问题是，假如我们当初设计 Vehicle 接口时，没能把这个 move 方法给抽象出来，或者说，没能遵循开闭原则，那么其他人在扩展这个接口的时候，就不太容易了，对方只能指望我们先修正该接口的设计方案，然后才能加以复用，这就与 OCP 所追求的“易于扩展且无须频繁修改”这一理念相违背（参见范例 1.5）。

范例 1.5 虽然 Truck 和 Car 类都实现了 Vehicle 接口，但由于该接口没能适当抽象出所有车辆都应支持的 move 方法，因此即便这两个类本身均定义了 move 方法，我们也没有办法将其视为通用的 Vehicle 对象来加以移动

```
public interface Vehicle {}
public class Car implements Vehicle{
    public void move(){}
}
public class Truck implements Vehicle {
    public void move(){}
}
-- usage --
List<Vehicle> vehicles = Arrays.asList(new Truck(), new
    Car());
vehicles.get(0).move() // ERROR, NOT POSISBLE!
```

由于我们当初设计 Vehicle 接口时没有充分考虑 OCP 原则，因此现在必须回过头来修改此接口，只有这样，大家才能顺利地扩展它。对于本例来说，这个修改很容易完成（参见范例 1.6）。

范例 1.6 Vehicle 接口提供 move 抽象方法

```
public interface Vehicle {
    void move();    // CORRECTION!
}
--- usage ---
List<Vehicle> vehicles = Arrays.asList(new Truck(), new
    Car());
vehicles.get(0).move() // CONGRATULATION, ALL WORKS!
```

这个例子明确地告诉我们，如果不针对后续的扩展做出一些设计，那么以后可能就得回过头来修改当时的方案。

1.4.3 里氏替换原则——子类必须能够当作超类来使用

前面几条原则涉及了 OOP 的两个基本概念——继承与抽象。对于继承，细心的读者应该会意识到，它是类体系中处于下层的类，其对象可以当作上层类（即超类）的对象来使用（参见范例 1.7）。下面以洗车为例，CarWash 类的 wash 方法，能够清洗各种车辆。

里氏替换原则（Liskov Substitution Principle，LSP）意味着与某个类相似的子类型也可以当作这个类来使用。这最初来自 Barbara Liskov 在 1987 年会议上发表的主题演讲（参见本章第 3 个参考资料），该会议聚焦数据抽象与层级。该原则是想强调类实例的可替换性[1]，并促进接口隔离。所以我们接下来将介绍接口隔离原则。

范例 1.7 wash 方法的 vehicle 参数是 Vehicle 型，因此，所有在类体系中处于 Vehicle 之下的类型，无论是它的直接子类型（例如，Car），还是间接子类型（例如，SportCar），其对象都能够当成 Vehicle 传给这个参数

```
public interface Vehicle {
    void move();
}
public class CarWash {
    public void wash(Vehicle vehicle){}
}
public class Car implements Vehicle{
    public void move(){}
}
public class SportCar extends Car {}
--- usage ---
CarWash carWash = new CarWash();
carWash.wash(new Car());
carWash.wash(new SportCar());
```

1.4.4 接口隔离原则

接口隔离原则（Interface Segregation Principle，ISP）要求某个类的实例不应该依靠那些虽然抽象了出来但是却用不到的方法。该原则还能指导我们调整接口与抽象类的设计。换句话说，它促使我们把相关的方法分隔到一些更为细致的实体中，而不是抽象到一个大而无当的超类或接口中。这样的话，用户就能更为清晰地使用这些实体。我们现在举个反例，比方说，我们抽象出了下面这样一个 `Vehicle` 接口，并让 `Car` 与 `Bike` 这两个类实现该接口。这样做会导致它们必须实现该接口中定义的所有方法，无论这些方法它们用不用得到，都必须予以实现（参见范例 1.8）。

有些读者可能已经看出，按照这种方式设计软件会导致我们为了确保软件运作得合理而必须无谓地添加一些机制（例如，异常），以处理那些虽然继承下来但是却无法支持的操作，从而令软件变得不够灵活[2]。面对这样的设计，我们应该遵循 ISP 原则，把它抽象得更为清楚。例如，我们可以再设置两个接口——`HasEngine` 与 `HasPedals`，这样就能把原

---

[1] 假如子类没有办法当成超类来使用，或者说，超类所宣称的一些功能子类无法正确地支持，那就意味着这个类体系可能设计得有问题。——译者注

[2] 例如，自行车没有发动机，所以无法正确支持查询发动机状态的 `engineOn` 方法，汽车没有踏板，所以无法正确支持查询踏板状态的 `pedalsMove` 方法。然而 Java 语言的规则又规定必须提供支持，所以只能想一些办法来满足这条规定，例如，像本例这样，抛出 `IllegalStateException` 异常。——译者注

来位于 Vehicle 接口里的相关方法分别转移到相应的接口中了（参见范例 1.9）。而且这样做，会迫使我们重载 printIsMoving 方法。修改之后的代码，用户使用起来很清晰，因为我们不用像原来那样，为了确保软件运作得合理而添加特殊的处理逻辑，例如，我们不用再像刚才的范例 1.8 那样，通过异常来表达不受支持的方法，因为那样的方法现在根本不会出现在无须使用它的子类之中。

范例 1.8 为继承下来但是却无法支持的抽象方法提供实现代码

```
public interface Vehicle {
    void setMove(boolean moving);
    boolean engineOn();
    boolean pedalsMove();
}
public class Bike implements Vehicle{
    ...
    public boolean engineOn() {
        throw new IllegalStateException("not supported");
    }
    ...
}
public class Car implements Vehicle {
    ...
    public boolean pedalsMove() {
        throw new IllegalStateException("not supported");
    }
}
--- usage ---
private static void printIsMoving(Vehicle v) {
    if (v instanceof Car) {
        System.out.println(v.engineOn());}
    if(v instanceof Bike)
        {System.out.println(v.pedalsMove());}
}
```

范例 1.9 根据功能，把原来的大接口拆分成小接口

```
public interface Vehicle {
    void setMove(boolean moving);
}
public interface HasEngine {
    boolean engineOn();
}
public interface HasPedals {
    boolean pedalsMove();
}
public class Bike implements HasPedals, Vehicle {...}
public class Car implements HasEngine, Vehicle {...}
--- usage ---
```

```
    private static void printIsMoving(Vehicle v){
        // no access to internal state
    }
    private static void printIsMoving(Car c) {
        System.out.println(c.engineOn());
    }
    private static void printIsMoving(Bike b) {
        System.out.println(b.pedalsMove());
    }
```

添设HasEngine与HasPedals这两个接口不仅迫使我们改写原来较为混乱的printIsMoving方法，以便用相应的重载版本来处理相应的对象，而且还让代码变得更为清晰。

1.4.5 依赖反转原则

每一位程序员，或者更准确地说，每一位软件设计师，都要面对这样一个问题：如何将自己设计过的各种类体系恰当地组合起来。现在要讲的这条依赖反转原则（Dependency Inversion Principle，DIP）为这个问题提供了一个相当简单的建议。

这条原则要求高层类（也就是需要使用其他类来运作的类）不应该知晓底层类，而是应该把它需要使用的底层类抽象成一个接口，让各种具体的底层类都去实现这个接口，这样的话，高层类就可以转而依赖此接口了（参见范例 1.10 中的 SportCar 类）。

范例 1.10 让表示停车场的 Garage 类去依赖抽象的车辆接口 Vehicle，这样它就不用依赖类体系中表示各种具体车辆的那些类了

```
public interface Vehicle {}
public class Car implements Vehicle{}
public class SportCar extends Car {}
public class Truck implements Vehicle {}
public class Bus implements Vehicle {}
public class Garage {
    private List<Vehicle> parkingSpots = new ArrayList<>();
    public void park(Vehicle vehicle){
        parkingSpots.add(vehicle);
    }
}
```

这条原则也意味着，我们在实现某项功能时，不应该直接说这项功能只针对某种特定的类，而应该说这项功能针对的是某种抽象的接口，并让那些特定的类去实现该接口（比方说，在范例 1.10 中，我们在实现 Garage 类的 park 功能时，不应该直接说这个停车场只能停哪几种车，而应该说凡是车辆都能停进来，换句话说，凡是实现了 Vehicle 接口的类，其实例都可以传给 park 方法）。

1.5 设计模式为何如此重要

前面介绍了两种互为补充的软件设计理念——APIE 与 SOLID。学习完前面介绍的内容，大家应该逐渐意识到，把代码写得清晰而明确会产生许多好处，因为每一位程序员都经常面对（甚至一直面对）这样的问题——如何设计代码才能让这些代码正确地扩展或改变已有代码的功能。

有人说，“通往地狱的路是由对技术债务的长期忽视而铺就的……”。凡是延缓或阻碍应用程序开发的问题都可以称为技术债务（technical debt）。在编程的语境中，刚才那句引言意味着即便代码里有个非常小的问题，也依然会给程序带来损害，它或许没有立刻暴露出来，但以后总会暴露。这还引出了另一个道理：用大家都能看懂的代码把程序的意图清楚表达出来对于正确实现应用程序的逻辑有着很关键的作用，因为这样的代码很容易加以验证（比方说，我们很容易就能测试出应用程序中的某个操作实现得是否正确）。

反之，如果我们发现自己很难给应用程序做业务测试，那就需要尽快意识到这个程序的开发工作已经偏离正轨了。比方说，如果你必须采用各种 mock-up（模拟或仿制）技术才能执行验证，那可能就得小心了。这样做经常会出现伪阳性的结果，也就是说，某个功能明明没有写对，但由于你的 mock-up 掩盖或者绕过了其中的问题，导致你误以为该功能写对了。为什么会出现必须用 mock-up 才能验证的情况呢？这通常是因为代码的结构过于混乱，让开发者不知道怎么才能清楚地构建出受测对象，所以只能暂且用模拟或仿制的对象来代替。

尽管 SOLID 与 APIE 理念提出了许多原则，但这些并不足以保证项目的代码能够一直好下去，这些代码还是有可能变糟 [也就是所谓的腐烂（rot）]。完全坚持这些原则是很难做到的，即便做到了，你还是需要继续提升代码品质，因为这些原则无法保证代码一定不会变糟。

软件会越变越糟的原因有很多，但无论如何，我们是有办法让它不变糟或者不继续变糟的，这个办法就是**设计模式**（design pattern）。设计模式能让代码清晰易懂，还能让我们更为便利地验证这些代码是否正确实现了业务需求。

设计模式是基于一种什么样的理念提出来的呢？你可以将其理解成一套可复用的编程手法，用以解决应用程序开发过程中的常见问题。这套编程手法，与前面提到的 APIE 或 SOLID 理念是契合的，而且能让我们在开发应用程序的过程中写出比原来更为清晰、更加好懂且更容易测试的代码。简单地说，设计模式的理念就是提供一套框架，以解决软件设计中的常见问题。

1.6 设计模式能够解决哪些问题

请大家仔细想想，我们为什么要写程序？按照一般的说法，我们写程序是想用某种编程语言（例如，本书所用的 Java 语言），写出让人容易看懂，同时又让计算机能够正确执行的代码，以解决某个特定的问题。但是接下来，我们换一个角度来考虑。

我们能不能把写程序想象成一个目标？之所以有这样一个目标，在大多数情况下，是因为我们想满足某种需要或需求。于是，我们必须界定这个目标能够达成什么样的效果，还要界定有哪些功能不是这个目标所追求的。明确了目标之后，我们就开始采取各种能够实现此目标的措施。我们会反复评估自己是否已经达成目标，如果还没有达成，那就调整我们在实现目标的过程中所使用的各种手法，直至写出一个能够解决问题的程序。我们在这个过程中肯定会遇到各种困难，这一点在前面几节中说过了。

为了应对这些困难，我们可能总是想编写新的代码，而不是去考虑怎么合理地沿用已有的代码。有的时候，这些新的代码看上去好像能让项目继续推进，但实际上，它可能只是把当前遇到的问题给掩盖了起来，而没有将其彻底解决。

现在许多开发团队都遵照SCRUM框架进行开发（参见本章第4个参考资料）。于是，我们想象有这样一个采用该框架来开发应用程序的团队，这个团队的开发工作逐渐偏离了正轨。每天的站会似乎都很顺利，因为每次都有人指出程序中的某个关键错误（bug）。而且这样的bug每次都能在几天之后被修复，于是皆大欢喜。奇怪的是，汇报错误的频率越来越高（或者说，bug越修越多），然而不管有多少bug，这个团队依然一个又一个地将其修复，于是大家还是觉得蛮好。但这真的意味着项目处于正轨吗？这样做出来的应用程序真的能正常运作吗？我们需要好好想一想才行。

除了这些，还有一个更严重的状况：待办事项列表（backlog）越写越长，这里出现了各种有待实现的功能与有待解决的技术问题。当然，技术问题（或者说，技术债务）本身并不一定是坏事。如果能够正确地面对，那么技术债务可以促使我们更为积极地推进项目，这种作用在概念验证阶段尤其明显。但如果我们不能正确地面对，换句话说，我们没能及时发现技术问题，或是我们虽然发现了，但是忽视它，不把它当回事，那么这些技术债务就会阻碍项目的发展。要是我们明明看到了技术问题却不想承认，而是把它说成有待开发的新功能，那问题就尤为严重。

虽说产品待办事项列表本身应该是一个实体，但它实际上由两个不同且不兼容的部分组成，即业务和冲刺待办事项（主要是技术债务）。当然，团队正在处理来自计划会议的冲刺待办事项，但如果技术债务过多，那么会导致团队没有太多时间去实现业务功能。如果这种情况频繁出现，则意味着每次给新的冲刺计划会议做规划时，团队都无法将足够的开发资源投放到实现业务功能上。大家仔细想想，自己的团队是否也出现过因为积压的技术问题过多而无法推进产品的局面。

SCRUM方法的理念可以归结为勇气、专注、决心、尊重与开放。但这些理念并不是SCRUM框架独有的。每一个想要交付优秀产品的团队都应该很乐于接受这套理念。

我们接着说刚才的那个团队。项目走到了很难往前推进的地步，大家都在为怎样清晰界定各自的技术分工而争论。于是，整个团队陷入一种虽然在工作，但是已偏离其目标的状态。我们会发现，每次讨论都特别艰难，因为总有各种各样的理由让我们没办法适当地描述出有待解决的问题。团队成员可能无法再有效地沟通，而是开始相互误解。我们发现软件的熵（entropy，混乱程度）变大了，因为整个软件已经失去条理。到了这种地步，我们就可以说这个项目正在变糟，这意味着我们会浪费许多开发时间去做一些没有意义的事情。

请大家再次停下跟我一起想想看，如何才能避免这样的状况。其实这种状况是有办法观察出来的。通常，每个团队都有一些共性，我指的是虽然团队中各成员的知识水平可能不太一样，但如果投入同样多的精力不再能够产出跟原来一样多的成果（也就是所谓学习曲线开始变缓），那么他们还是能够察觉出这一点的。

我们可以根据项目的推进速度，判断这个项目是否正在变糟。如果团队不能像原来那样朝着目标稳步推进项目，而是总把时间花在修复小的技术问题上，那就要当心了。因为这些小的成功并不符合 SCRUM 的价值，而且一直陷在这种问题中也无法推进项目。针对这些小问题所提出的解决方案，对于整个项目来说，不能算作一项进展，因为这样的方案只是让这个小问题本身变得比原来好一些，而没有让整个项目有所改观，况且这样的方案或许还与技术规范相违背。在打造这种解决方案的过程中，团队并没有获得一些将来能用到的知识。由于团队无法及时做出需要的功能，或者只能做出其中的一部分功能，因此有可能错失市场机会。

除了推进速度变慢，还有一些症状也能帮助我们意识到项目正在变糟。比方说，如果业务功能变得很难测试，那也要当心。出现这种状况时，项目中各个组件的功能变得很难触发，各部分之间的依赖关系变得较为混乱，这样的代码难于阅读，也难于测试，而且还与程序员所应坚持的开发纪律不符。此时我们会发现，软件设计师的日常工作竟然变成了想办法赶紧修复 bug，以结束某个工单，而不是如何设计新的功能。

接下来的各章，我们将介绍许多种设计模式，以解决刚才说的那些常见问题，从而令项目不会变糟。设计模式与 OOP 的基本理念（包括 A、P、I、E）是互相契合的，而且有助于我们更好地坚持 SOLID 原则。

另外，设计模式还能让我们尽早发现一些错误的走向，提醒我们尽量复用已有的代码，而不要重新去发明现成的代码，这就是所谓 DRY 原则，即 Don't Repeat Yourself（不要重复自己）。

1.7 小结

在开始研究设计模式之前，我们先回顾一些知识。希望本章的内容，能够扩展大家的知识面，或者完善大家对某些问题的理解。程序的代码质量可以从以下几方面考虑：

- 代码是否清晰、是否易读。
- 代码是否能够解决复杂的问题。
- 代码是否坚持 SOLID 原则与 OOP 的基本理念（其中包括 A、P、I、E）。

- ❑ 代码是否易于测试（或者说，我们能不能验证这段代码是否实现了它的目标）。
- ❑ 代码是否易于扩展、易于修改。
- ❑ 代码是否便于我们持续重构。
- ❑ 代码是否一目了然（或者说，我们是不是无须参考其他资料就能看懂代码的意思）。

下一章将详细介绍 Java 平台，让大家看到这个平台是如何运行程序的。

1.8 习题

1. 将 Java 代码转换成能够在特定平台上运行的机器码是由哪几个工具负责的？这些工具如何完成转换？
2. APIE 这个词中的四个字母分别表示什么？
3. Java 语言支持哪几种多态？
4. 能够帮助软件设计师写出易于维护的代码的原则是什么？
5. OCP 是什么意思？
6. 应该如何理解设计模式的意义？

1.9 参考资料

- *The Garbage Collection Handbook: The Art of Automatic Memory Management*, Anthony Hosking, J. Eliot B. Moss, and Richard Jones, CRC Press, ISBN-13: 978-1420082791, ISBN-10: 9781420082791, 1996.
- *Design Principles and Design Patterns*, Robert C. Martin, Object Mentor, 2000.
- *Keynote address - data abstraction and hierarchy*, Barbara Liskov, `https://dl.acm.org/doi/10.1145/62139.62141`, 1988.
- The SCRUM framework, `https://www.scrum.org/`, 2022.

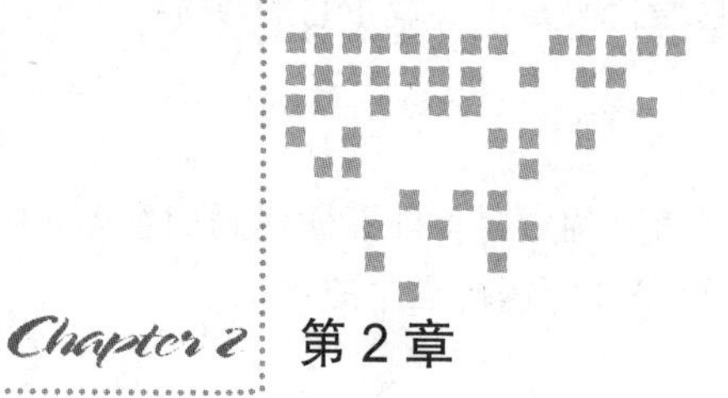

Chapter 2 第2章

Java平台

此前，计算机行业还没有形成一套很好的API（Application Programming Interface，应用程序编程接口）设计理念，因此这个行业中出现了各种探索方向。那时大家刚开始使用**万维网**（World Wide Web，WWW），对如何开发应用程序还有点迷茫。有些人特别想要打造出一个平台，以处理大量的数据库事务，或开发特定的商用硬件与软件。但他们也不清楚究竟应该拿什么样的应用程序来促成这个平台，也不清楚这样的应用程序应该如何维护。

本章从内存利用的角度切入，带领大家学习Java平台，为我们理解设计模式的作用打下基础。

学完本章，你将能很好地了解Java平台的内存分配机制、Java平台提供的一些其他特性、Java的核心API等内容。本章的内容与第1章合起来，将能够为你打下坚实的基础，以便你更加顺利地学会设计模式。

2.1 技术准备

本章的代码文件可以在本书的GitHub仓库里面找到，网址为`https://github.com/PacktPublishing/Practical-Design-Patterns-for-Java-Developers/tree/main/Chapter02`。

2.2 Java是如何诞生的

20世纪90年代初，Sun Microsystems公司出现了一个探索发展前景的小团队。这个团队起初考虑对C++语言当时提供的特性进行扩展。其中一个目标是创建新一代针对小型智能设备的软件。在创建过程中，他们还想让这些软件更加易于复用。小型智能设备（例如，机顶盒）并没有太大的内存容量，因此必须明智地使用资源才行。他们要控制内存用量，还要考虑其他问题（包括怎样降低软件的复杂程度，怎样让程序少出一些错误，另外，可能还包括怎样解决 James Gosling 在扩展 C++ 时遇到的一些问题），这些因素导致他们后来放弃了扩展 C++ 的想法。团队决定不再跟 C++ 纠缠，而是创建一种新的编程语言——Oak 语言。但由于商标问题，这种新创建的语言改名为 Java。

第一个面向公众的 Java 版本是 1.0a.2，在 1995 年的 SunWorld 大会上，Sun Microsystems 公司的科学办公室主管 John Gage 发布了 Java1.0a.2 和 HotJava 浏览器。John Gage 当时正在重新给 Java 定位，把它从一种针对小型硬件设备的编程语言转换成一个开发 WWW 应用程序的平台。在那个年代，我们可以用 Java 语言来开发网站中的一些内容，但需要使用一种名叫 applet（小应用程序）的技术。Java applet 定义了一套小的沙盒（sandbox）环境，让开发者能够有限度地访问计算机资源，并通过安装在本地计算机中的 **Java 虚拟机**来执行 Java 代码。这种 applet 可以在网页浏览器中运行，也可以单独运行。这项技术相当强大，而且正好体现出 Java 的一个基本理念，即**一次编写，到处运行**（Write Once,Run Anywhere，WORA）。然而，基于种种因素（例如，安全性与稳定性等）考虑，Java SE 17 版决定弃用 Applet API。

Java 平台的架构如图 2.1 所示，其三个主要组成部分如下：

- ❑ JVM（Java 虚拟机）
- ❑ JRE，也就是 Java SE Standard Edition Runtime Environment（Java SE 运行时环境）
- ❑ JDK，也就是 Java SE Development Kit（Java SE 开发工具包）

下面我们将详细介绍 Java 平台以及它的主要部分。

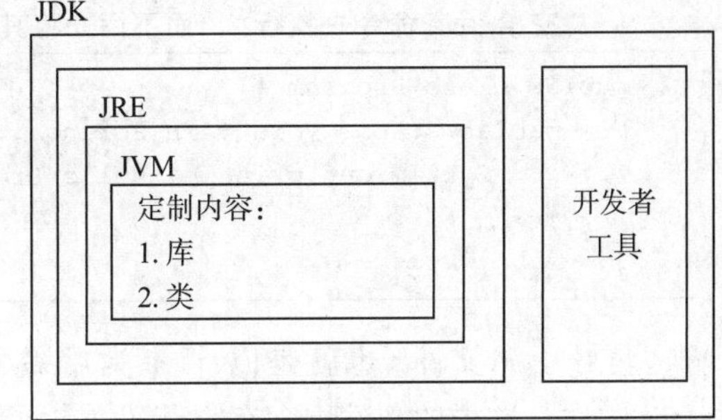

图 2.1 Java 平台的架构

2.3 Java 平台的模型与功能

历史总是不往我们本来打算的方向发展，Java 的历史也是如此。一开始，这是个面向智能设备的平台，后来却发展成一整套针对网络应用的解决方案，而且 Java 并没有止步于此。这些年来，Java 已经成为一种使用面极广的应用程序开发语言。Java 之所以这样流行，有一个原因在于，以前必须拿特定硬件才能运行的程序，现在已经能够运行在各种硬件上了。这促使 Java 平台产生一套实用的工具，让许多开发者都愿意使用这种语言来开发程序。

现在，我们将分别介绍图 2.1 中的三个部分，以便更好地理解我们所写的代码。

2.3.1 JDK

JDK 是一套软件开发工具包，提供了一些工具与程序库，让我们能够开发并分析 Java 应用程序。JDK 中有一套基本的程序库、函数与程序，用来将我们所写的 Java 代码编译成字节码。JDK 中还包含 JRE，这是一种用来运行 Java 应用程序的环境。另外，JDK 也提供了一些有用的工具，例如，下面几种：

- jlink：这个工具能够生成定制的 JRE 镜像。
- jshell：这是一个很方便的 REPL（Read–Eval–Print Loop，读取—求值—输出循环）工具，让你能够轻松地尝试 Java 语言的各种功能。
- jcmd：这是一个实用工具，能给正在运行的 JVM 发送诊断命令。
- javac：这是一个 Java 编译器，能读取以 .java 为后缀名的源文件，并将其编译为以 .class 为后缀名的类文件。
- java：这个命令用来执行 JRE。
- 位于 JDK 的 bin 目录中的其他工具。

我们把范例 2.1 中的源代码保存到后缀名是 .java 的文件中，然后用 javac 命令编译该文件：

范例 2.1 这是一个简单的 Java 程序源文件，从 Java SE 11 版开始，我们可以直接把这样的源文件交给 java 命令去执行[㊀]，而不用先将其编译为 class 文件

```
public class Program {
    public static void main(String... args){
        System.out.println("Hello Program!");
    }
}
```

写好了源文件（也就是以 .java 为后缀名的文件），我们可以用 javac 命令将其编译为 class 文件，这样的文件中含有字节码（参见范例 2.2）[㊁]。编译出 class 文件后，我们用 java 命令把这个文件放在 JRE 中执行。

范例 2.2 由 Java 源代码编译而成的 class 文件中所包含的字节码（这样的字节码可以用 javap 工具来显示）

```
...
public static void main(java.lang.String...);
descriptor: ([Ljava/lang/String;)V
flags: (0x0089) ACC_PUBLIC, ACC_STATIC, ACC_VARARGS
Code:
stack=2, locals=1, args_size=1
```

㊀ 参见 JEP 330（`https://openjdk.java.net/jeps/330`）。——译者注

㊁ 范例中的 getstatic 及 ldc 等指令就是与字节码相对应的指令。范例 2.2 中的信息可以通过 javap -v Program.class 命令查看（其中的 Program.class 表示你刚才用 javac 命令编译出的 class 文件）。—译者注

```
         0: getstatic     #7       // Field java/lang/
             System.out:Ljava/io/PrintStream;
         3: ldc           #13         // String Hello Program!
   ...
```

2.3.2 JRE

JRE 是 JDK 的一部分，但它也可以单独当作一套程序安装在受支持的操作系统上。如果你想在某个操作系统中执行以 .class 为扩展名的类文件，或执行 JAR（Java Archive）格式的文件，那么必须先在这个系统上安装适当版本的 JRE。与 JDK 不同，JRE 只包含运行程序所必需的一套组件，例如：

- 核心的程序库与属性文件，例如，rt.jar 与 charset.jar。
- Java 扩展文件，这指的是其他一些程序库，它们有可能位于 JDK 的 lib 文件夹中。
- 与安全机制有关的文件，例如，证书、策略等等。
- 字体文件。
- 与特定的操作系统有关的工具。

JRE 中的 Java 虚拟机内置了如下两种编译器[⊖]：

- **客户端编译器**（Client Compiler，又称作 C1 编译器）：快速加载，不做优化。这种编译方式是为了尽快运行字节码以获取结果，通常适用于单独的程序。
- **服务端编译器**（Server Compiler，又称作 C2 编译器）：加载字节码的时候做一些检测，以确保这些代码能够稳定地运行。这种编译方式还能产生高度优化的机器码，令程序的运行效率更佳。另外，在这种编译方式下，我们可以调整一些统计分析机制，让虚拟机的 JIT 编译器（JIT Compiler）更好地针对机器码做出优化（参见图 2.2）。

2.3.3 JVM

无论是安装 JDK，还是只安装它里面的 JRE 部分，你都会安装 JVM。JVM 与特定的平台相关。这意味着每一种系统平台都有专门版本的 JVM。那么，JVM 究竟是什么？它是如何运作的？

不同目标操作系统上安装的 JVM 也不相同，而且即便针对同一种操作系统，你也可以选择不同厂商提供的实现。但无论如何，所有的 JVM 都必须遵守一套规范（或者说，一套标准，参见本章参考资料 6）。我们常用的 OpenJDK 中的 JVM 是 Java 虚拟机的参考实现（reference implementation），除此之外，还存在由其他厂商所实现的 JVM。OpenJDK 其实是由许多小的开源项目组成的，这些项目有各自的开发进度，但每次发布的 OpenJDK 产品都会把这些小项目的版本协调好，以确保它们整合出来的这套 JDK 是稳定的。

⊖ 这指的是 Java 虚拟机里面的编译机制，不是那个把 .java 源文件编译成 .class 文件的 javac 工具。——译者注

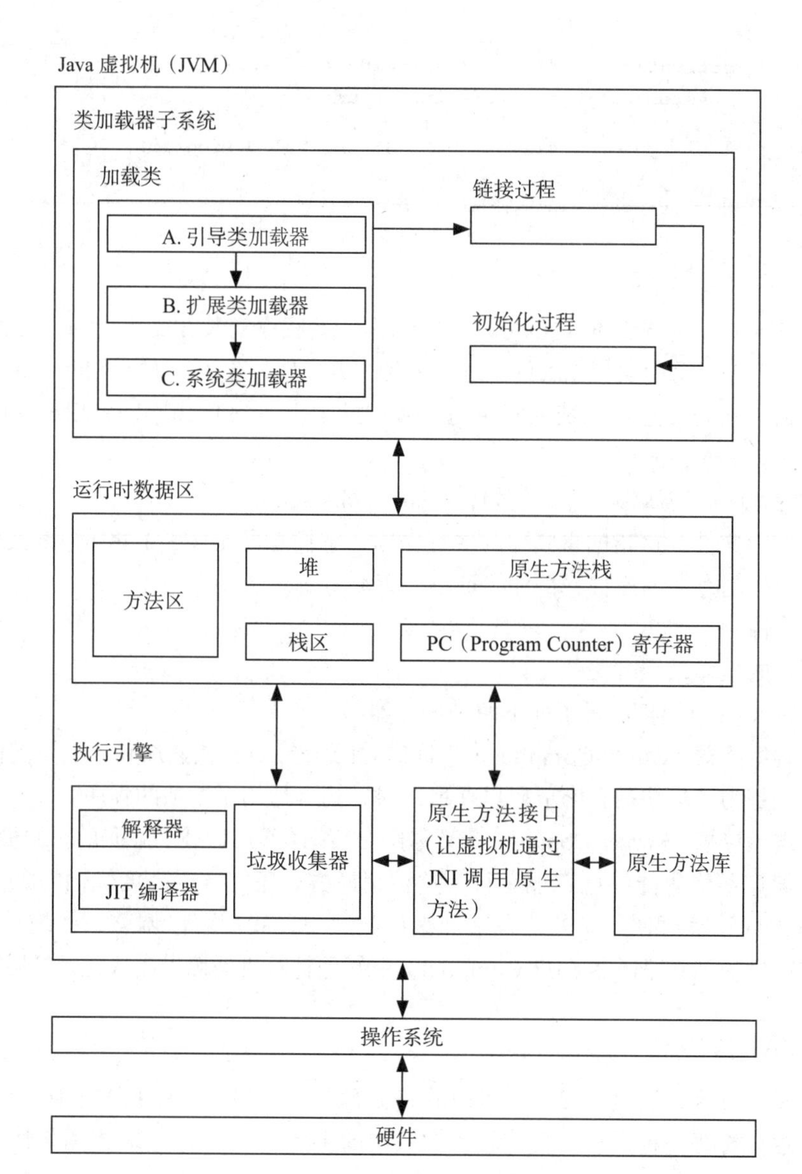

图 2.2 JVM 的几个重要组成部分

图 2.2 演示的是 OpenJDK 所实现的 JVM，它里面有一个名为 HotSpot 的 JIT 编译器（参见本章参考资料 7）。HotSpot 是这种 JVM 的一个部件，用来做**运行时编译**。换句话说，这个名叫 HotSpot 的 JIT 编译器会在运行程序的时候把程序中的字节码编译为计算机本身的指令，这一过程也称为**动态转译**（dynamic translation）。由于 JVM 会执行动态转译，因此我们在说"Java 应用程序与具体系统无关"，或者"一次编译，到处运行"（WORA）的时候必须注意，这些说法都是在比较抽象（或者比较宏观）的层面上讲的，对于运行 Java 程序的虚拟机来说，它并非总是完全以解释的方式执行，有时会把与平台无关的字节码翻译成

计算机本身的指令 [native instruction，原生指令 / 本地指令 / 本机指令）]。

除了 JIT 编译器，JVM 中还有垃圾收集器（garbage collector，也称为垃圾回收器），这个收集器会用各种算法判定并回收垃圾。另外，JVM 也实现了一套 Java 内存模型，并制作了由原生程序库所支持的 JNI（Java Native Interface，Java 原生接口，又名 Java 本地接口），这些组件都可参见图 2.2。

每个厂商提供的 JVM 都必须符合规范。这是为了确保 JVM 能够把字节码正确地转换为机器指令并予以执行。这也意味着不同厂商所实现的 JVM 在技术参数与优化措施（例如，垃圾收集器所采用的算法）上可能稍有区别。IBM、Azul 与 Oracle 等厂商都有各自的 JVM。各厂商均可自行开发 JVM，这正是促使 Java 平台得以发展的主要因素。每个厂商都能够经由 JEP（JDK Enhancement Proposal）流程提出自己想要为 JDK 增加的新功能以及对现有功能的修改建议，还能够得知某个 JEP 的详细内容。

总之，JVM 的职责可以归结为以下三条：

- 加载并链接相关的类。
- 初始化相关的类与接口。
- 执行程序指令。

JVM 为每个程序定义了各种区域（例如，范例 2.2 演示了 .class 文件中的一些区域）。下面我们逐个讲解图 2.2 中的这些区域。这有助于大家理解设计模式的作用，并认识到某种设计模式（例如，Builder 或 Singleton）是如何发挥这种作用的。

Java 程序的编译与执行流程要从书写源代码开始。也就是说，我们首先要把程序的源代码保存在一个以 .java 为后缀名的文件中，然后编译这个文件并产生相应的 .class 文件（参见图 2.3），最后在 JRE 中执行这个 class，促使相关的线程启动（参见图 2.4）。JRE 要靠图中位于 system process 名下的这些线程来运作，JVM 是 JRE 的一部分，它负责解释并执行 class 中的字节码。

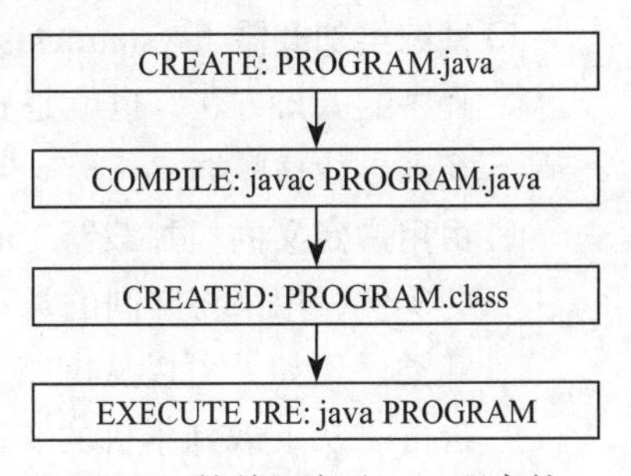

图 2.3 简单地演示 Java 程序的编译与执行流程

知道了总体的流程之后，我们就开始详细讲解如何执行 Java 程序。首先将相关的类载入内存。

2.3.3.1 类加载器

类加载器位于 RAM（Random-Access Memory，随机存储器）中，负责把相关的类加载到内存。这个加载过程分为几步，第一步是把类本身加载进来，以确保这个类可以为程序所使用。第二步是链接，这是为了让某个类或接口能够在 JRE 中正常运作，例如，这个类或接口可能依赖于 Java 平台内置的一些类，所以必须与那些类相链接才行。为了同时应对 Java 平台内置的类与用户定制的类，该平台提供了如下几类加载器：

Thread	Thread Group	Thread Id
C2 CompilerThread2	system	9
C1 CompilerThread0	system	10
Signal Dispatcher	system	4
Service Thread	system	5
Sweeper thread	system	11
JFR Recorder Thread	system	13
C2 CompilerThread0	system	7
Monitor Deflation Thread	system	6
C2 CompilerThread1	system	8
Notification Thread	system	16
Reference Handler	system	2
Finalizer	system	3
JFR Periodic Tasks	main	14
main	main	1
JFR Shutdown Hook	main	15
Common-Cleaner	InnocuousThreadGroup	12

图 2.4 运行 Java 程序时后台会出现许多线程（这些信息经由 Java Flight Recorder 获得）

- **引导类加载器**（bootstrap class loader，也叫作启动类加载器）：负责加载平台的核心类。这个加载器由 JVM 提供，它会根据 BOOTPATH 判断核心类的位置。
- **扩展类加载器**（extension class loader）：用来加载位于 lib/ext 目录下的其他一些库，这个目录中的内容是安装 JRE 的时候产生的。
- **系统类加载器**（system class loader）：用来加载 Java 程序中的类，这样的类应该包含程序的入口方法，也就是 main 方法，这个加载器会根据用户指定的类路径或模块路径来寻找这些类。
- **由用户定义的类加载器**（user-defined class loader）：这样的类加载器是 ClassLoader 的实例，用来将定制的类动态地加载到 JVM。用户可以自己指定应该从什么地方加载类。例如，可以从网络中的某个地点加载，可以从文件中的一段加密数据加载，也可以从下载到本机的文件中加载，还可以把程序当场生成的（或者说，现场制作的）某段字节码当作一个类来加载。

对于某一个类加载器而言，它必须按照顺序执行加载。这个顺序取决于有待加载的类所处的类体系。这意味着类加载器载入某个类时，必须先把该类的超类加载进来。于是，这些类（以及相关的类文件）之间就会形成一个合理的加载顺序。

某个类进入内存之后，Java 平台还需要设法让这个类能在 JRE 中正常运作。为此，Java 平台会在背后启动许多流程，将相关的数据安排到各个区域，例如，栈区、堆区等。下面我们先讲什么是栈区。

2.3.3.2 栈区

每个线程都有各自的栈区（参见图 2.2）。这是一小块区域，用来存放该线程所引用的方法。线程在执行某个方法时，会创建一个与这次执行操作相对应的条目，并将此条目移入栈中。这样的条目称为栈帧（stack frame），它里面会引用与这次调用相关的局部变量、操作数栈以及常量池，以便正确处理这次方法调用。如果这次调用是正常执行完的（也就是说，没有引发任何异常），那么系统会将这个栈帧从栈中移除。这也意味着，你在调用某方法时所传入或创建的原始类型变量（例如，boolean、byte、short、char、int、long、float、double 等类型的变量）是存储在相应栈帧中的，如果另一个线程也来调用这个方法，那么那个线程看不到当前线程所创建的这一帧。你可以用同样的原始类型数据分别对某个方法执行调用，然而每次调用所生成的栈帧中存放的都是该数据的一个副本，修改其中一个并不影响另一个，也不会影响到最初的那个副本。

2.3.3.3 堆

堆是系统为类实例与数组分配的内存空间。它是在 JVM 启动时分配的，其中的内容由 JVM 所开启的各个线程所共享。系统中有个自动回收机制，用来清理堆中的无用对象，这个机制称为**垃圾收集**（Garbage Collection，GC）。局部变量可以引用某个对象。而这个为局部变量所引用的对象就保存在堆中。

2.3.3.4 方法区

由 JVM 所发起的各个线程共享同一个方法区。这个区域是 JVM 启动的时候分配的。它里面含有与每个类相关的一套运行时数据，例如，该类的常量池、与该类的字段及方法有关的数据、该类构造函数的代码，以及该类的各个方法。其中让大家感觉有点陌生的可能是常量池。这个常量池是系统把该类加载到方法区的时候创建的。这里面有各字符串常量与原始型常量的初始值，有该类所引用的其他一些类型的名字，有为了正确执行这个类所需的一些数据，有编译期已知的常数，还有必须在运行时予以解析的字段引用。

2.3.3.5 PC 寄存器

PC（Program Counter）寄存器也是内存中的一个重要区域。它里面含有一系列 PC（也就是程序计数器）。系统在开启每个线程时，都会为该线程创建一条 PC 记录，这条记录会在线程的执行过程中更新，以反映该线程当前执行到了哪一条指令。这条指令的地址会指向方法区中的某个地方，用以表示该线程正在执行的是哪个方法中的代码。但是原生方法例外，如果线程正在执行的是 Java 虚拟机环境以外的原生方法，那么 PC 记录中的地址值是未定义的。

2.3.3.6 原生方法栈

每个线程都有自己的一条原生方法栈（native method stack）记录。这让该线程可以通过 JNI 访问原生方法。JNI 需要通过底层操作系统的资源来运作。如果使用不当，那么程序可能会出现如下两种错误：

- 第一种错误发生在线程要求使用更多的栈空间，但实际上已经没有栈空间可用的情况下。此时，程序会因为 StackOverflowError（栈溢出错误）而崩溃，并返回一个大于 1 的退出码。
- 第二种错误有可能发生在程序想要新开一个线程的时候。此时程序可能出现

OutOfMemoryError（内存不足错误）。之所以出现这样的错误，是因为内存空间已满，无法继续扩张。如果程序还想创建一个线程，那么就得为其分配一个新的栈，然而在内存空间已满的情况下，这是无法做到的。

我们已经把载入并执行程序所需的各种区域都讲完了，现在，大家已经知道每个区域中都有什么样的数据，以及这些区域之间有何联系。于是，我们应该渐渐明白，为了让程序稳定运行并且易于维护，在设计软件时，必须考虑到虚拟机中各个区域的限制，让程序更好地利用这些区域。

接下来，我们将介绍 Java 平台如何为程序想要创建的对象分配内存空间。

2.4 垃圾收集机制与 Java 内存模型

我们前面介绍 JVM 时，提到过 JIT 编译器（参见图 2.2）。JIT 编译器负责把字节码转译成能够在特定平台上执行的原生指令。这些指令要跟计算机内存以及 I/O 资源相交互，让程序能够执行它想要完成的操作。为了合理安排这些指令，Java 平台必须制定一套规则，使得这些指令能够正确地执行，从而反映出 Java 程序（具体来说，就是 class 文件中的字节码）所要表达的意图，JIT 编译器在程序运行期间对字节码所做的转译，当然也必须同样准确。Java 平台并不直接操纵计算机的物理内存，而是在物理内存上架设一套虚拟的内存空间，因此，它必须制定明确的内存管理机制。这套机制所遵循的模型就叫作 **Java 内存模型**（Java Memory Model，JMM）。

2.4.1 JMM

JMM 描述了线程之间如何通过 JVM 为其分配的共享内存空间（即堆，参见图 2.2）来进行交互。单线程的程序执行起来是较为清晰的，因为程序中的这个线程不受其他线程干扰，它总是能按一定的顺序来执行指令。在这种情况下，程序每执行一条指令，虚拟机中的相关区域就会发生相应的变化，这很容易理解 [例如，范例 2.2 就是一个单线程程序，虚拟机只开一个线程（参见图 2.4 中的 main 线程）就能运行这个程序]。但如果程序是多线程的，那就比较复杂了。此时，虚拟机要靠 JMM 来确保 Java 程序得以正确执行。JMM 定义了一套规则，用来约束多个线程应该如何正确地共用同一块内存中的对象，这些线程可能会按照各自的进度执行指令，但它们都必须遵守这套规则。正因为 JMM 有这样一套严格的规则，所以虚拟机才能够自如地运用 JIT 编译器来优化代码，而无须担心程序的状态会因此混乱（或者说，无须担心程序陷入不协调的状态）。

这些规则留出了灵活操作的空间，让系统能够在不违背程序的总体执行顺序这一前提下，自行安排各线程的次序。总之，这意味着即便有多个线程同时执行某段代码，程序的状态也依然能够保持稳定。

为了让线程在执行某段代码的过程中不受干扰，我们可以对相关的对象加锁，并在执行完毕后解锁，这样的话，另一个线程在执行到这段代码时，就能正确地观察到其他线程修改之后的结果，并基于这一结果继续执行。这些线程所修改的数据位于一个内存视图（memory view）中，这个视图与计算机物理内存中的某一部分相对应，而且该视图位于堆中，因为这些线程所要共同操作的对象也都创建在堆中。

Java 内存模型中的一个重要概念是 happens-before。这个概念的意思是，为了保证程序的正确执行，某个操作总是要发生在另一个操作之前。为了帮助大家更好地理解这个概念，我们需要描述计算机的存储区如何运作，还要简单介绍几种不同类型的存储区，以及 CPU 如何从存储区中读取数值并执行相关的指令。

首先说 CPU。每个 CPU 都有自己的指令寄存器。由 JIT 编译器编译而成的机器码应该是某一个指令集中的指令。CPU 内部有缓存（cache），用来将主存储器（main RAM）中的数据复制一份过来，以便快速存取。CPU 可以与系统预留给某个 Java 应用程序的一块内存区域通信。而同一个 CPU，又能够同时运行多个线程（具体多少条，要看 CPU 的类型），于是，这些线程就有可能都要修改刚才说的那块内存中的数据。那块内存是系统为运行某个 Java 应用程序而专门设立的，要想操纵其中的某条数据，CPU 需要先将其复制到缓存，然后令寄存器操纵缓存中的这份副本，最后再把结果更新到内存（参见图 2.5）。

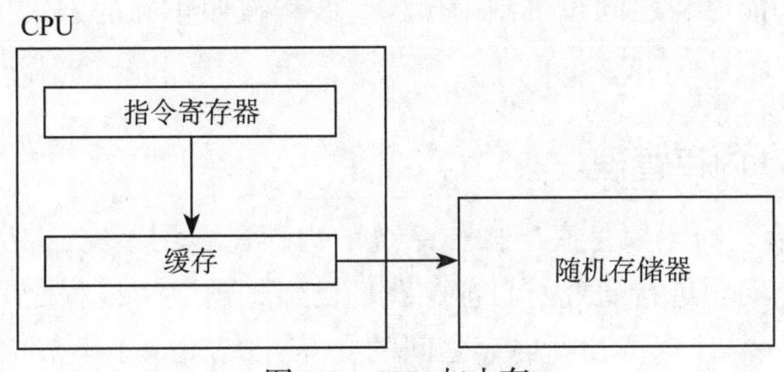

图 2.5　CPU 与内存

细心的读者可能已经意识到，由于系统中有两种不同的存储区（一种是每个 CPU 各自的缓存，另一种是整个计算机的内存），因此各线程在操纵程序的数据时有可能发生混乱。如果不仔细安排，任由多个线程修改或读取变量的值，那么会出现如下两个问题：

- **竞态条件**（racing condition）：这个问题发生在两个线程以未经同步的方式（或者说，以没有加锁的方式）访问同一个值的时候。
- **陈旧数值**：这个问题出现在变量值被某个线程所修改，但另一个线程没有等新值传播到主存储器就读取该变量的时候。

我们举一个变量访问的例子，来说说怎么处理这些问题。容易出现此类问题的都是那种分配在堆中的值。假如每个线程在修改完某个变量之后，都将其立刻更新到主存储器，那么程序性能会受到一些影响，因为这意味着每执行一条指令，都需要在主存储器与 CPU 之间走一个来回（参见图 2.5）。况且有些变量完全不需要这么处理。例如，范例 2.2 中的 main 方法就是如此，它是一个孤立的方法，根本就没有使用或修改堆中的对象，所以也就不存在将对象状态更新到主存储器的问题了。然而有的时候，确实需要知道某个变量在主存储器中的值，于是，我们可以使用Java语言的volatile关键字。如果某变量带有这个关键字，那么系统就会确保线程每次访问该变量时总是能看到它的最新值。换句话说，volatile关键字能够确保对该变量所做的修改操作，其效果总是能够为后续的访问操作所见。另外还应指出，由于volatile变量会导致系统做出某种程度的同步，因此必须审慎地使用，而不应该滥用。这个关键字导致系统每次在把变量值提供给线程之前，都必须先确保主存储器里的值是最新的，因而会对性能造成一些影响。

另一种确保多个线程能够正确共享数据的机制是synchronized关键字。如果用这个关键字来修饰某个方法或者对某个变量加锁，那么各个线程就会依序执行这个方法或这段代码，而不会出现交错执行的情况。采用synchronized的主要缺点在于，同一时刻只能有一个线程执行这个方法或代码块，这会导致程序的性能降低。与volatile一样，synchronized也能确保happens-before，也就是确保当前拿到锁的这个线程对这个方法或这段代码的执行，其效果总是能够为后续获得这把锁的线程所见。

好了，JMM就介绍到这里，我们现在已经知道每个新的对象都创建在堆（参见图2.2）上。我们还熟悉了JRE的架构，知道大多数Java程序都应该是多线程的，而且Java平台有一套规则，让开发者能够利用同步机制确保这些线程按照正确的方式执行，以免令程序的状态失调。

2.4.2 GC与自动内存管理

尽管Java平台给人的印象是底层操作系统的内存总也用不完，但实际上并不是这样，我们接下来将对这个问题进行研究。目前，我们已经知道多个线程之间如何共用同一份数据，而且明白了CPU与计算机物理内存之间的交互方式。2.4.1小节中所讲的JMM，只是其中一种内存管理机制，下面我们来讲另一种。

我们都知道，Java平台会自动管理分配在堆上的内存。这个管理机制中有这样一个部件，它是运行在程序后台的一个守护线程（daemon thread）。这个线程称为垃圾收集器，它在程序背后默默地运行着，把无用的对象回收起来，并让现有的对象尽量排在一起，使得堆中有更多的连续空间能够分配新的对象。将对象动态地分配在堆上，其中一个好处是能够自动回收。这样做其实还有另一个好处，就是能够更加灵活地应对递归数据结构（recursive data structure），例如，list或map，只不过这个好处不太明显。

GC技术是John McCarthy在1959年前后发明的，起初是为了简化Lisp语言的手动内存管理工作。后来，GC技术有了大幅发展，而且出现了多种实现手法（参见本章参考资料1）。尽管GC有各种各样的做法，但有一条最基本的原则必须保证，这就是决不要把还受到引用的活跃对象给回收掉。

开发者虽然不需要亲自回收内存，但还是应该了解内存回收机制的原理，以防止内存以某种方式受到限制而导致应用程序崩溃。因为即便存在GC机制，也还是有可能写出那种令系统无法腾出空间来新建对象的代码，也就是说，还是有可能写出那种令应用程序因 OutOfMemoryError 而崩溃的代码。

GC 的一个目标是让堆空间保持紧凑，这样的话，系统随时都能从中找到空闲的空间，将其分配给新的对象。堆可以分成下面几个区域，如图 2.6 所示。

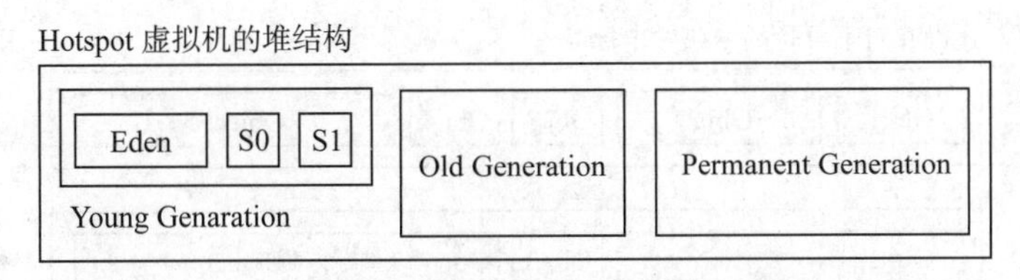

图 2.6 垃圾收集算法会让对象在堆空间中的各区域之间移动

大多数对象起初都会被分配在 Eden 区，而且会在这一轮回收的过程中被清理掉。做完本轮 Minor GC 之后，还没有被清理掉的对象会被移入其中一个 Survivor 区（有可能是 S0 或 S1）。下一轮 GC 会检查上一轮 GC 所针对的那个 Survivor 区，把其中的无用对象清理掉，并将剩下的对象与 Eden 中存留的对象移入另一个 Survivor 区。以上这三个小区域都属于 Young Generation 区。经过多轮 Minor GC 还能存活的对象会被移入 Old Generation 区（又名 tenured generation 区）。除了 Young Generation 与 Old Generation 之外，堆中还有个永久区。这个区域含有 JVM 的元数据（metadata，也就是工作数据），JVM 需要依靠这些数据来描述类、静态方法与私有变量，这个区域是在 JVM 启动时设立的。该区域以前称为 Permanent Generation 区（又名 Permgen 区）。它与主要的堆空间是分开管理的，系统会把它里面的内容一次准备好，而不是采用按需加载的方式来准备，另外，它必须加以配置。由于存在这些限制，因此垃圾收集机制无法有效回收这部分内存，从而导致应用程序变得不够稳定。Java SE 8 引入了一个叫作 MetaSpace 的概念，用来取代 Permgen。MetaSpace 解决了原来那些与 Permgen 有关的配置问题，它不需要一开始就固定下来，而是能够自动增长，另外，它里面的内容也能够被回收。

GC 分成两种，一种叫 Minor GC，另一种叫 Major GC。分成这样两种是为了尽快清除那些存留时间比较短的对象，同时能把那些存留了很久，但是后来已经没有用的对象给清理掉。

- Minor GC：这种 GC 只针对 Young Generation 区。如果该区域中的某个对象已经不再为其他对象所引用，那么将该对象标注为 unreachable（不可达）。Minor GC 会把 Young Generation 区域中的 unreachable 对象回收掉，并让存留下来的对象紧凑排列，以留出更多的连续空间。
- Major GC（又叫 Full GC）：如果某个对象经历多次 Minor GC 依然存在，那么会被移入 Old Generation 区，这个区域里的对象不在 Minor GC 的清理范围内。然而，程序运行了一段时间后，该区域内的某些对象就应该删掉了，因为这些对象既不引用别的对象，也不为别的对象所引用，于是系统会对整个堆做 Major GC，Young

Generation 区与 Old Generation 区都在清理范围内。Major GC 的频率要比 Minor GC 低，因为这种 GC 会导致长时间的停顿（这又称为 stop-the-world）。

我们可以用下面三个步骤来简单地描述 GC：

1. 第一步是标注不可达的对象（参见图 2.7）。

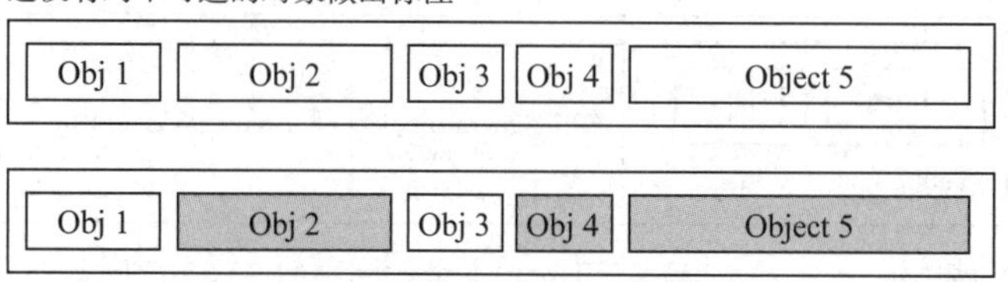

图 2.7 GC 的第一步是找出堆中的无用对象并将其标注为不可达

2. 第二步是把刚才标注为不可达的那些对象从堆中拿走，从而留下空闲的空间（参见图 2.8）。

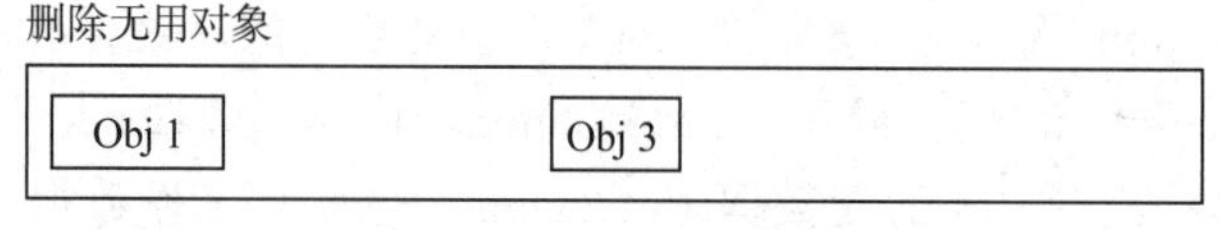

图 2.8 把刚才标注为不可达的那些对象删掉，释放内存

3. 第三步叫作 compacting（压实或压紧，参见图 2.9）。这是为了让堆中的各段空闲空间连接起来，形成一段较大的空间。这样的话，程序如果请求分配一个比较大的对象，那么系统就可以找到足够的地方来安置这个对象。这种做法能够缩减后续分配对象所花的时间，因为系统不用再逐段扫描空闲内存帧。

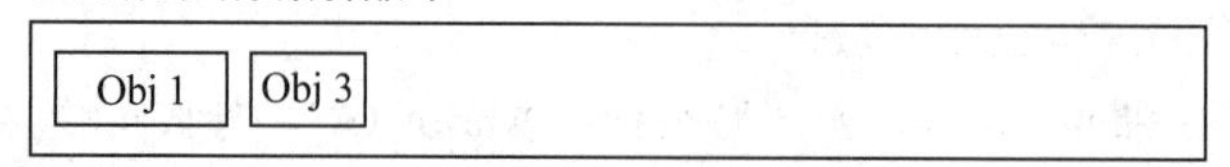

图 2.9 让现有的对象紧凑排列，从而留出大段的连续空间，以便分配较大的对象

在介绍完 JMM 与 GC 之后，还有一个与两者相关的重要概念要讲。这个概念就是引用的类型，把引用分成不同类型能够提醒平台应该如何处理堆空间中的对象。具体来说，就是让 Java 平台内部的分析流程能够更为合理地判断某对象该不该回收。知道引用的类型，GC 机制就能更好地了解某对象是如何使用的，进而迅速判定它是否已经可以回收。引用类型是一个很有用的机制，如果能跟设计模式结合起来，就可以更好地发挥前面所讲的一些特性。每个程序都应该运行得尽可能快一些。但由于 Java 平台要花时间回收垃圾，因此程序速度会受影响，但即便如此，我们还是希望回收垃圾所花的时间尽量少一些。所以，Java 平台会设法把垃圾尽快回收掉。无论采用哪种 GC 算法，只要数据量不大，回收流程都会

很快执行完。然而开发者如果能更为精准地指定引用类型，那么就算数据量比较大，回收流程也能高效运作。Java 的引用分为四种，按照存留能力，从强到弱排列如下：

- **强引用**（strong reference）：这是最常见的引用类型，如果没有明确指定，那么默认为强引用。
- **软引用**（soft reference）：在没有强引用指向某对象的前提下，只要该对象有软引用指向它，那么系统就会尽量将其存留于内存中，直至因为内存即将耗尽而不得不回收为止。Java 平台保证会在出现 OutOfMemoryError 之前，把所有不受强引用但是受软引用的对象给清理掉。
- **弱引用**（weak reference）：这种引用需要以 var obj=new WeakReference<Object>(...)；这样的写法明确指定，我们能够通过创建这种引用来告诉 GC 算法，如果某对象不受强引用与软引用，而只有弱引用指向它，那么下一轮 GC 就可以把这种对象占据的内存给回收。这种引用经常出现在程序进行初始化或者实现缓存功能的时候。
- **虚引用**（phantom reference）：这是最弱的一种引用。如果某对象没有前面三种引用指向它，而只受到虚引用，那么 GC 算法就不用继续分析它了，也不用考虑是否将该对象移入堆中的另一个区域，而是会在下一轮 GC 的时候，立刻回收该对象。

下一节将讲解 Java 的 API，但是在这之前，我们先把学到的新知识迅速总结一遍。

引用（以及引用的类型）在回收垃圾的过程中有着重要意义。垃圾收集算法能够据此判断应该怎样处理某个对象。Java 内存模型描述了 Java 平台如何读取、更新或删除各种变量。我们还看到，Java 虚拟机会把堆内存分成不同的区域，以管理不同类型的对象。这些知识，都有助于我们更好地设计软件并使用 API。

2.5 Java 的核心 API

JDK 提供了一套创建、编译并运行 Java 程序的工具。前面讲了怎样用这套工具以及 JDK 里的一些资源创建出想要的程序。我们还说了设计 Java 程序时需要考虑的一些限制。JDK 中的工具让软件设计者能够以 API 的形式使用 Java 平台内置的类。另外，前面还提到，JDK 也能够让我们按照自己的需求使用外部 API。

这一节将介绍 Java 平台里最基础的 API，在我们后面讲解设计模式时，需要用到这些 API。

Java 是面向对象的语言，带有许多功能及扩展。其中，由 Java 平台本身所提供的 API 都位于以 java 开头的包（参见表 2.1）中。

表 2.1 Java SE 17 的各种 java 包

包	介绍
java.io.*	这个包让我们可以通过数据流、序列化与文件系统进行 I/O
java.lang.*	自动引入 Java 语言的基础类
java.math.*	这个包中的类与任意精度的整数（BigInteger）及小数（BigDecimal）有关

（续）

包	介绍
java.net.*	这个包里的 API 与网络协议及网络通信有关
java.nio.*	这个包提供了一些作为数据容器使用的缓冲机制，用来实现非阻塞的 I/O
java.security.*	包含与 Java 安全框架有关的类与接口
java.text.*	这个包里的类提供了一些格式化机制，用来处理含有文本、数字及日期的消息
java.time.*	这个包提供了与日历、日期、时间、时刻及时段有关的 API
java.util.*	这个包里有各种工具，用来实现集合、字符串解析、扫描、随机数生成器、Base64 编码与解码等功能

对于 java.base 模块中的 java.lang.* 包来说，它里面的每一个 public 类与 public 接口都能够直接在我们自己所创建的新类里使用，而无须手工引入。另外，由于 Java 中的所有对象都是 Object，因此，这意味着对于每一个类（不论是 Java 内置的类，还是我们自己新建的类）来说，该类的实例都属于 Object 型的实例。

2.5.1 原始类型与包装器类型

除了对象，Java 还有各种原始类型的值（literal，参见表 2.2 与本章参考资料 4）。这些值与 Object 实例之间的一个区别是，它们所占据的内存空间都是固定的。与之相反，Object 实例所占据的内存空间有可能随着需求而变化。另外，在 Java 语言里，各种原始类型的值都是**带符号**的（也就是区分正值与负值的），处理数据缓冲的时候，尤其要记得这一点。

表 2.2 Java 语言的各种原始类型及其取值范围

大小	原始类型的名称	取值范围
1 比特[①]	boolean	true 或 false
1 字节	byte	−128 至 127
2 字节	short	−32768 至 32767
2 字节	char	\u0000 至 \uffff
4 字节	int	−2^31 至 2^31-1
4 字节	float	−3.4e38 至 3.4e38
8 字节	long	−2^63 至 2^63-1
8 字节	double	−1.7e308 至 1.7e308

① boolean 值占据的空间大小没有明确规定。

原始类型的值创建在栈里，每一种原始类型都对应于一种包装器类型（参见图 2.10）。

包装器类型的对象相当于是在原始类型的值外面围了一圈。原始类型的值是保存在栈里的，而包装器类型的值都是指向相应包装器实例的引用，那些实例创建在堆上。这样一包装，能提供许多附加的功能。以整数为例，把 int 包装成 Integer 之后，我们就能在 Integer 型的实例上调用 byteValue、doubleValue 与 toString 等方法。这些方法在我们实现某种特定的设计模式时可能很有用，因为这些方法令我们无须再浪费内存创建一些没有必要创建的值。与包装器类型的实例相比，原始类型的值就是一个纯粹的值而已，我们不能在它上面调用刚才那些方法。

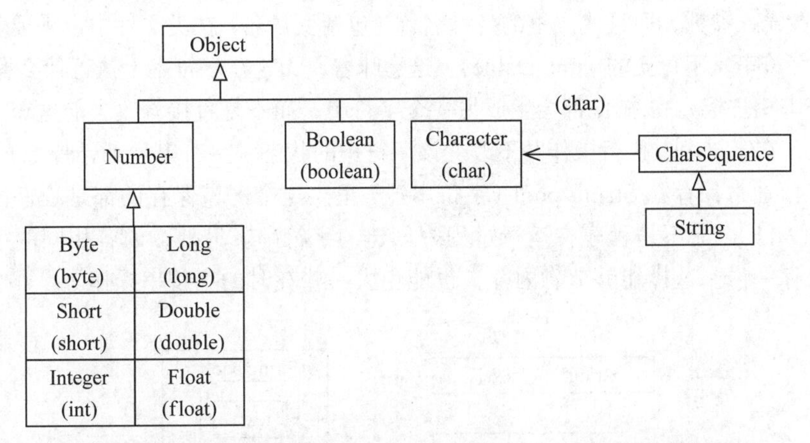

图 2.10 由各种包装器类型与 String 类型所形成的类继承体系

Java 平台会自动把原始类型的值转化成包装器类型的实例。这样做有好处，也有坏处，坏处是容易出现自动装箱（autoboxing）问题（参见范例 2.3）。频繁地将原始类型的值赋给包装器类型的变量，就会引发此问题。这导致系统需要多花一些时间回收这些包装器对象，从而令程序在运行过程中多次停顿（或者说，多次遇到 stop-the-world 事件）。

范例 2.3 举例说明程序在什么样的情况下会自动创建包装器类型的对象

```
int valueIntLiteral = 42;
Integer valueIntWrapper = valueIntLiteral;
```

如果赋值操作的两端都是原始类型的值与变量，那么 Java 允许你把尺寸较小的值赋给尺寸较大的变量，参见范例 2.4（各种原始类型的值所占据的字节数参见表 2.2）。但是反过来不行，把尺寸较大的值赋给尺寸较小的变量会出现编译错误，因为那个变量在栈里占据的空间已经定好了，没有办法扩张：

范例 2.4 Java 能把某种原始类型的值自动转换成另一种尺寸较大的原始类型值

```
byte byteNumber = 1;
short shortNumber = byteNumber;
int intNumber = shortNumber;
```

现在，我们已经把各种数字型的原始类型及其包装器讲完了，大家还看到了这些值之间如何互化。还剩下两个原始类型没讲，一个是 Boolean 型，这种类型的值用一个二进制位（即 1 比特）就能表示，它只能取 true 或 false。另一个是 char 型，这种值用来表示字符。由于它跟 String（字符串）类型有关，所以我们把它们放在下一小节中讲。

2.5.2 与 String 有关的 API

String 型的实例不是原始类型的值，它是 Java 中的对象。这种对象用来表示字符序列。想不用 String 就写出 Java 程序，几乎不太可能。每个 Java 程序的 main 方法都需要一个 String 数组做输入参数，而且代码里的各种名称（包括变量名）在类文件中也需要表示成字符串。Java 的字符串是**不可变的**（immutable）。这意味着，无论在字符串上执行什么操作（例如，与其他字符串相拼接），该操作都会生成另一个字符串，而不是直接修改当前这个字符串。更为准确地说，在字符串上执行操作并不改变该字符串的状态。字符串是 Java 平台的基类。

字符串值通常保存在 String pool（字符串池）里。这个区域保存的都是程序固有的字符串（参见图 2.11），而不是程序在运行过程中创建的字符串。另外，内容相同的字符串在该区域里仅保存一份。这样能够节省内存，也能免去一些耗时的字符串操作。

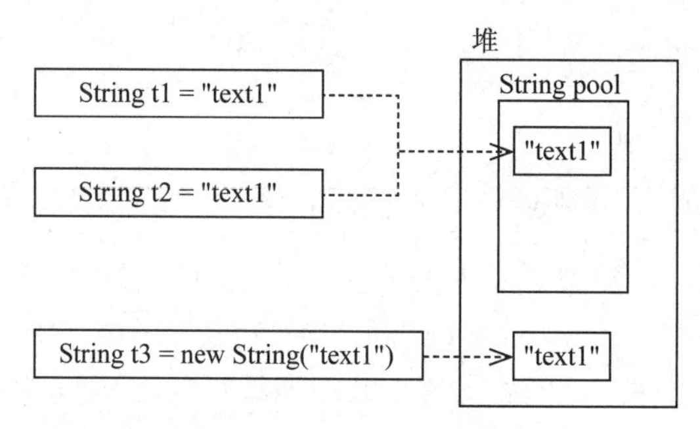

图 2.11 String Pool 是堆中的一个区域，用来存放程序固有的字符串；String 对象与其他对象一样都创建在堆里

除了直接把字符串字面值赋给 String 型变量，还可以通过 String 类的构造器来制作字符串（例如，new String(...)），这些字符串会出现在一般的堆空间，而不是专门用来存放固有字符串的 String Pool 中，例如，范例 2.5 中的 t3 变量所指向的就是一个通过这种方式构造的字符串对象。如果你想把这样构造出来的字符串也放到 String Pool 里，那么可以使用 intern 方法，该方法所返回的是 String Pool 中与该字符串内容相同的那个字符串（范例 2.5 中的 t4 所指向的就是这样一个字符串）。

范例 2.5 用各种方式将字符串值赋给 String 型变量，并比较这几种方式有何区别

```
String t1="text1";
String t2="text1";
String t3= new String("text1");
String t4 = t3.intern();
```

输出为：

```
t1 == t2 => true
t1 == t3 => false
t3 == t4 => false
t1 == t4 => true
```

用 + 运算符连接多个取值不固定的字符串是一种效率很低的写法，而且会让程序代码难以维护。为了避免在拼接过程中产生过多的临时字符串，Java 平台提供了 StringBuilder

类。用该类的 API 拼接字符串不会产生那么多临时值，我们只需在拼完最后一部分之后，调用一次 toString 方法即可。只有到了这个时候，系统才会在堆中创建一个新的字符串，以表示最终的拼接结果（参见范例 2.6）。另外，StringBuilder 的意义还在于，它演示了 Java 本身的 API 是如何实现并使用创建型设计模式（creational design pattern）的[⊖]。

范例 2.6 用 StringBuilder 构建的字符串对象，默认会出现在堆中的一般区域而不是 String Pool 里

```
String t5 = new StringBuilder()
        .append("value")
        .append(42)
        .toString();
String t6 = "value42";
```

输出为：

```
t5 == t6 => false
```

我们现在已经知道，用不同方式构建的字符串会出现在堆内存的不同区域里。这让我们能更明智地选用某种设计模式，或者更合理地把某几种设计模式结合起来，以免浪费内存。字符串的底层结构是字符数组，这种数组的元素都是字符（也就是 char[]），字符本身属于 Java 的原始类型。然而，由字符所构成的数组却并不是原始类型，这种数组其实是 Java 中的对象。下面我们将详细介绍数组这个概念，它也是 Java 语言及 Java 平台的重要概念。

2.5.3 数组

为了更好地理解 Java 集合框架（Java Collections Framework，JCF），我们先讲一个重要的概念，这就是数组（array）。Java 中的数组由相同类型的元素构成，这些元素之间通过各自的位置来区分，表示元素位置的序号称为下标或索引（index）。数组元素要通过下标来访问。如果在程序运行的过程中用无效的下标访问数组元素，那么会出现 ArrayIndexOutOfBoundsException（数组下标越界异常）。数组与数组之外的那些对象一样，都保存在堆中。这意味着，如果程序已经没有多余空间了，但还是想创建数组，那么会出现 OutOfMemoryError。系统要为每个数组分配一定的内存空间。如果你还不清楚这个数组有多大，那么可以先声明指向这个数组的变量（参见范例 2.7），等将来有了真正的数组再将其赋给该变量。

范例 2.7 声明各种类型的数组变量，以便指向相应类型的数组

```
int[]      array1;
byte[][]   array2;

Object[]   array3;
Collection<?>[] array4;
```

⊖ StringBuilder 运用了 Builder 模式，而 Builder 模式属于创建型设计模式这个大类。——译者注面对实现了某个接口或继承了某个抽象类的多个类，我们可以把这些类的实例放在一个元素类型为该接口或该抽象类的数组中来管理。但如果你只是像刚才那样，声明指向某个数组的变量，那么系统是不会创建相应数组的。除了那种写法，还有一种写法是在声明数组变量的同时创建真正的数组，并让该变量指向这个数组（参见范例 2.8）。

范例 2.8 数组初始化、赋值和验证

```
int[] a1 = {1,2,3,4};
a1[0] = a1.length;
int e1 = a1[0];

a1.length == 4 => TRUE
a1 instanceof Object => TRUE
```

数组通常不为开发者所重视，这可能是因为它要求我们必须提前把元素的个数定下来，而且它的功能比较有限，只允许我们通过 length 字段查询元素个数。然而，数组有助于我们更好地遵循开闭原则（OCP），从而提升代码的可维护性。我们通常会用 Collection（集合）或 Map（映射）取代数组，因为那些类型提供了许多辅助方法。下面将详细介绍 Java 的集合框架。

2.5.4 Java 集合框架

与数组不同，Java 的集合比较高级，能够自动调整元素数量。这意味着，容纳元素的那个底层存储结构会在集合调整其大小的时候予以复制，从而令早前的结构所占据的空间能够为垃圾收集机制所回收。Java 的集合框架含有 List（参见表 2.3）、Set（参见表 2.4）、Queue（参见表 2.5）及 Map（参见表 2.6）等接口，每种接口都有多种实现方式（参见图 2.12）。不同厂商可能会对这些接口给出各自的实现，但这些实现都必须符合基本规范。

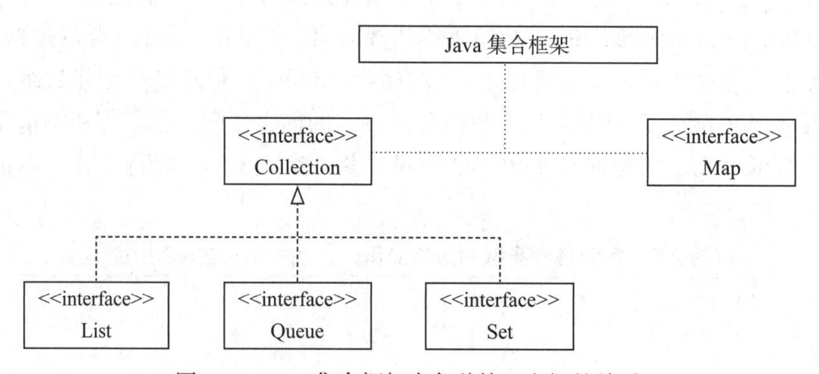

图 2.12 Java 集合框架中各种接口之间的关系

这些接口定义在 java.base 模块的 java.util 包里。这个包也提供了这些接口最为常见的实现类，而且这些类的时间复杂度都是已知的。至于空间复杂度，则不太重要，因为这些类一开始并不会分配特别大的空间，而是会根据需要自动扩容，所以不用担心某种结果会占据过多的空间。与空间复杂度相比，时间复杂度在我们选择设计模式的时候有着更为关键的作用，因为如果我们选用了耗时比较久的实现类，那么程序的响应时间会大幅增加。为了评估某个实现类（或者说，某个算法）的时间复杂度，我们应该用大O表示法（O-notation，又称为Big O notation）来描述它所耗费的时间上限，或者说，来描述程序在**最坏的情况**（worst-case）下需要用多长时间才能完成某个操作。

我们可以通过一些很经典的例子来讲解时间复杂度对程序效率的影响，让大家明白为什么一定要选择合适的数据结构。但是现在，大家先来看看都有哪些基本的数据结构可供选择。首先说List接口，这种接口让我们能够使用下标访问其中的元素（参见表2.3）。

表2.3 List接口的各种实现类在各操作上的时间复杂度

类的名称	contains方法（查询是否包含某元素）	add方法（添加元素）	get方法（获取元素）	remove方法（移除元素）	底层数据结构
ArrayList	O(*n*)	O(1)	O(1)	O(*n*)	数组
LinkedList	O(*n*)	O(1)	O(*n*)	O(1)	链表

有的时候，程序并不需要获取某个位置上的元素，它只想判断某元素是否存在，并且要求能够添加新元素及移除旧元素。在这种情况下，我们可以考虑改用Set接口（参见表2.4）。

表2.4 Set接口的各种实现类在各操作上的时间复杂度

类的名称	contains方法	add方法	remove方法	底层数据结构
HashSet	O(1)	O(1)	O(1)	哈希表
TreeSet	O(log *n*)	O(log *n*)	O(log *n*)	红黑树

Java集合框架里还有一种扩展自Collection接口的接口，叫作Queue（参见图2.12）。如果你只需要从最前端或最后端（也就是首尾两端）来操纵数据结构，那么可以考虑选用某个实现了Queue接口的类（参见表2.5）。

表2.5 Queue接口的各种实现类在各操作上的时间复杂度

类的名称	peak方法（获取头部元素）	offer方法（从尾部插入元素）	poll方法（获取并移除头部元素）	size方法（查询元素总量）	底层数据结构
PriorityQueue	O(1)	O(log *n*)	O(log *n*)	O(1)	优先级堆
ArrayDeque	O(1)	O(1)	O(1)	O(1)	数组

除了Collection体系的接口之外，Java还提供了Map接口。使用这个接口之前，你必须考虑清楚它究竟是一种什么样的结构。Map用来容纳键值对（key-value pair），其中的键与值都必须是Object类或其子类。所以你在声明泛型的Map时，给这两个类型参数所指定的类型都不能是那8种原始类型（即int、short等）之一。另外，你还必须确保键所在类型正确地实现了hashCode与equals方法。这是因为Map在查询或保存键值对的时候，有可能遇到多个键值对共处同一个bucket的情况，这叫作碰撞，Map必须依赖这两个方法才能

有效地避免或解决碰撞。如果碰撞太频繁，那么 Map 的时间复杂度就会偏离它应该表现出的成绩（参见表 2.6）。

表 2.6 Map 接口的各种实现类在各操作上的时间复杂度

类的名称	containsKey 方法（查询是否包含某个键）	get 方法（取得某个键所对应的值）	remove 方法（移除某个键）	底层数据结构
HashMap	O(1)	O(1)	O(1)	哈希表
LinkedHashMap	O(1)	O(1)	O(1)	哈希表与链表

Java 集合框架频繁使用迭代器这个行为型设计模式来遍历数据结构中的各个元素。有些读者可能已经想到了，要想运用 Java 集合框架所提供的方法，或者自己来实现这些方法，必须有良好的数学基础才行。只有这样，我们才能根据业务逻辑，从已有的数据结构中选出正确的一种，或者自己去创建合适的结构，然后采用这种结构去打造设计模式。下面我们将简单介绍 Java 内置的一些基本数学功能。

2.5.5 Math API

Java 通过 Math 类的一些静态方法给开发者提供了基本的数学功能。Math 是个 final 类，这意味着它不接受扩展（也就是不能为其他类所继承），假如没有将其设计为 final 类，那么可能会有一些子类，以违背设计者意愿的方式修改或替换这些基本数学功能。Math 类位于 java.lang 包中，这意味着我们在程序中无须引入该类即可直接使用（参见范例 2.9）。

范例 2.9 使用由 Math 类所提供的常见数学函数

```
double sin = Math.sin(90);
double abs = Math.abs(-10);
double sqrt = Math.sqrt(2);
```

Math 类还提供了 random 方法，用来生成随机值，但是这个方法只能生成单独的一个 double 型结果，而且无法指定取值范围。要想生成其他类型的结果或者想指定随机数的取值范围，可以使用 java.util 包中的 Random 类，那个类提供了许多可定制的功能（参见范例 2.10）。

范例 2.10 生成从 0 到某个上界之间的随机数（该上界由 upperBound 变量表示）

```
Random randomNumberWithRange = new Random();
int upperBound = 10;
int randomIntInRange = randomNumberWithRange.
nextInt(upperBound);
double randomDoubleInRange = randomNumberWithRange.
nextDouble(upperBound);
```

如果你要做的运算无法通过标准的数学运算符来实现，那么可以考虑调用 Math 类中与你要做的运算相对应的方法。另外，做函数式编程的时候，Math 类中的各种方法也很有用。

2.6 函数式编程与Java

上一章讲了**面向对象编程**（OOP）的四个基本概念（APIE），也就是是抽象（A）、多态（P）、继承（I）、封装（E）。近些年来，Java平台为了满足用户与开发者的需求，还在朝着其他方向进化。例如，有些开发者想要把各种操作组合起来，以形成自己需要的结果，于是，Java就通过一套API满足了这样的需求。这种编程方式跟传统方式不同，以前，我们总是通过一个含有多条命令式语句的循环来达成此效果。对于同一个功能来说，那种写法需要的代码量比较大。

从Java SE 8开始，Java提供了一套用来做流式操作的API（参见本章参考资料15）。这套API位于java.util.stream包中，这里的流虽然也叫stream，但它强调的是一种处理形式，而不是强调流中有一个又一个的数据，我们常说System.out、System.in以及System.err表示的是标准输出流、标准输入流与标准错误流，这几种说法里的流字强调的是刚才说的后一种意思，也就是数据流（data stream）。Stream API让开发者能够把某种操作施加到流中的各元素上。这些操作分成两大类，一类叫中间操作（intermediate operation），另一类叫最终操作（terminal operation）。中间操作用来在执行最终操作之前编辑或过滤数据，最终操作用来执行最终的运算，这个运算可能会生成某个结果，也可能只是单纯操纵数据而不生成结果（或者说，生成void结果）。多个中间操作能够相互拼接，但是最终操作必须缀在这一串操作的末尾。流中的这些元素采用惰性求值的方式参与运算，而且系统能够并行地予以处理。如果你要以并行流（parallel stream）的形式做运算，那么Java平台在默认情况下，会采用常见的**Fork/Join框架**（Fork/Join Framework）来执行，这种框架实现了ExecutorService接口。fork-join模型（分叉会合模型）可以说是一种平行设计模式，该模式是在20世纪60年代初提出来的（参见本章参考资料17）。

虽然Java允许采用函数式编程（functional programming）的手法来写代码，但面向对象编程（OOP）的基本理念仍然需要坚持，也就是说，你在写这些代码时，还是得遵守Java语言的强类型（strong type）原则。这意味着，你在调用Stream API的时候，无论是执行中间操作，还是执行最终操作，都必须确保这些操作与原始数据的类型相兼容，否则就会出现编译错误。另外，这种写法在Java SE 5版本之前是不可能成立的，因为它需要用到泛型机制，而这个机制是从Java SE 5开始才受到支持的。泛型（Generic）让我们可以给某个类或接口指定类型参数，以表示这个类或接口是针对哪种类型而设计的，从而让编译器在处理数据类型的时候更加明确（参见本章参考资料2）。

刚才说的中间操作与最终操作其实都是一种**匿名函数**（anonymous function），或者说是一种**函数接口**（functional interface）。像这样的小块代码还有个正式的称呼，叫作lambda。下面将讲什么是lambda。

2.6.1 lambda与函数接口

lambda这个概念，让我们能够方便地描述自己想要对元素施加的操作。lambda实际上就是把起始值与结果值之间的映射关系（或者说，运算逻辑）给描述出来，使得我们能够将这种关系或逻辑分别套用在不同的数据上。Java 语言的 lambda 与匿名类（anonymous class）机制相伴，这个机制让我们能够方便地定义只带有一个方法的类并为该方法编写代码，然后立刻创建该类的实例，从而让这个实例扮演匿名函数的角色。Java 本身内置了一些类型，用来充当函数式编程之中的函数接口或匿名函数。凡是加了 @FunctionalInterface 注解的接口都可以当函数接口使用，这种注解是从 Java SE 8 开始出现的。加了这个注解意味着该接口必定只包含一个抽象方法，因而系统可以据此定义一个实现了此接口的匿名类，并用 lambda 来实现其中的那个抽象方法，表 2.7 列出了几种加有 @FunctionalInterface 注解的接口。另外，还要提醒大家，即便加了 @FunctionalInterface 注解，接口里也还是可以出现其他一些方法的，例如，可以有一些默认方法（default method），还可以有一些静态方法（static method），只要该接口的抽象方法有且只有一个，就符合 @FunctionalInterface 的要求。

表 2.7 从 Java SE 8 版本开始支持的几种基本函数接口

名称	输入参数	返回类型	抽象方法	描述
Supplier<T>	无输入函数	T	get	返回一个类型为 T 的值
Consumer<T>	T	无返回值	accept	消费一个类型为 T 的值
Function<T,R>	T	R	apply	消费一个类型为 T 的值，并对该值做变换，以返回一个 R 型的结果
Predicate<T>	T	Boolean	test	消费一个类型为 T 的值，并返回一个 Boolean 型的结果

2.6.2 用匿名类与 lambda 表达式充当函数接口并在 Stream API 中使用

刚才说过，lambda 表达式是惰性求值的，这意味着 lambda 表达式里的代码是等到程序真正使用这个 lambda 的时候再去执行的，而不是说刚一见到这样的代码就必须当场执行。范例 2.11 演示了如何运用 lambda 表达式处理列表中的各个对象[⊖]。

范例 2.11 通过 List 接口的 forEach 方法处理列表中的各个元素，系统会将开发者传入的动作（即 System.out::println）视为一个 Consumer 型的实例，并把该实例所代表的函数，分别运用在列表中的每一个元素上

```
List<String> list = Arrays.asList("one", "two",
    "forty_two");
list.forEach(System.out::println);
```

拿到 Stream 之后，我们可以先串接各种中间操作，最后执行最终操作，也可以把这个 Stream 传给某个方法去使用。范例 2.12 演示了 Stream API 的高级用法。

范例 2.12 演示 Stream API 的高级用法

```
Predicate<Integer> numberTest = new Predicate<Integer>() {
    @Override
```

[⊖] 这个例子演示的是怎么把方法引用（System.out::println）当成函数使用，如果改用 lambda 表达式，可以写成 list.forEach(e -> System.out.println(e));。——译者注

```
    public boolean test(Integer e) {
        return e > 2;
    }
};
String result = Stream.of(1,2,3, 42)
        //.filter(e -> e > 2)
        .filter(numberTest) //Anonymous class example
        .map(e -> "element" + e)
        .collect(Collectors.joining(","));
System.out.println("result: " + result);
```

lambda 表达式在我们组合各种 Stream 操作的时候有着很关键的作用。组合起来的这一长串操作可以理解成一条生产线，数据从起点输入，经过一系列调整，在终点那里达到我们所期望的状态。由于传给 Stream 操作的各种动作（也包括能够表示某种动作的 lambda 表达式）是惰性求值的，因此这相当于这条生产线上有个开关，我们只在真正需要成品的时候才打开。Stream API 以及与之搭配的函数接口与 lambda 表达式等机制，可以说是 Java 语言在写法上的一次重要突破。

2.7 Java 的模块系统

我们选用 Java 这样的高级语言来编程，其中一个主要原因在于，这样写出来的代码容易复用。这种语言的基本单元是类（class），我们按照 APIE（抽象、多态、继承、封装）等原则，把代码组织成不同的类。Java 又允许我们把这些类分别安置到多个包（package）中，每个包都有自己的名字。包这个概念用来封装一组相关的类。开发者可以对类以及类中的字段与方法设置不同的访问级别，以控制外界能否访问到它们。Java 有四种修饰可见度的方式，分别是 public、default（缺省，也就是什么关键字都不加）㊀、private 以及 protected。这些修饰方式能够影响其他包与本包中的类之间如何交互。要想让本包中的某个类可以被应用程序内的其他包访问，我们可以将该类修饰为 public 类，这样的话，所有人就都能看到它了。

除了包，Java 还有个概念叫作类路径（class path），这个概念存在了许多年。它指的是 Class Loader 在加载类的时候所要寻找的一个特殊地点。如果 Class Loader 能够从这个地方把某个类加载进来，那么程序就可以在运行期间使用该类（参见图 2.2 中的类加载器子系统）。

然而，类路径并不能约束包或者类之间的结构。于是，就会导致一些很容易出错的状况，这些状况多年来一直困扰着开发者。例如，如果你想把结构或名称相似的一些包与类打造成一个 JAR 格式的程序，就经常会出问题。因为系统无法区分包名与类名碰巧重合的类，它只好用其中的某一个把另外一个给替换掉。

㊀ 这跟接口类型中含有实现代码的那种实例方法（即 default 方法）不是一回事。——译者注

这样的状况在 Java SE 9 有了改观。从这个版本开始，JSR-376 正式纳入 Java 平台，它本来是 Jigsaw project 的核心组件，现在正式以 Java 平台模块系统（Java Platform Module System，JPMS）的名称登场（参见本章参考资料 3）。范例 2.13 演示了如何列出 JDK 现有的模块。

范例 2.13 列出当前可以使用的模块及其版本

```
$ java -list-modules
java.base@17
java.compiler@17
java.datatransfer@17
<more>
```

在把模块系统纳入 Java 平台时，平台原有的一些机制也据此做出了相应的迁移。范例 2.14 演示了如何查询某个模块的描述信息。

范例 2.14 查询 java.logging module 模块的描述信息。其中提到的 java.base 模块是 Java 平台本身就有的模块，该模块含有 Java 平台与 Java 语言的核心功能

```
$ java -describe--module java.logging
java.logging@17
exports java.util.logging
requires java.base mandated
provides jdk.internal.logger.DefaultLoggerFinder with
    sun.util.logging.internal.LoggingProviderImpl
<more>
```

JPMS 提供了更为严密封装机制，能够约束应用程序的各个包之间如何交互（参见范例 2.15）。开发者可以把程序划分为多个模块，让这些模块之间只通过 API 或服务来交互，而不过分依赖实现细节。JPMS 允许开发者定义模块之间的依赖关系，令应用程序更易维护、更加可靠，也更加安全。

范例 2.15 演示 Java 模块如何将其中的内容公布给外界使用

```
module java.logging {
    exports java.util.logging;
    provides jdk.internal.logger.DefaultLoggerFinder with
        sun.util.logging.internal.LoggingProviderImpl;
}
```

Java 并不强制开发者一定要用模块。尽管 Java 平台本身已经开始使用 JMPS，但如果你的应用程序还没准备好向模块系统迁移，那么可以暂时不用。在这种情况下，Java 会认为这个程序的所有包与类都位于 unnamed module（未命名模块，或者说，无名模块）之中。这样的模块不像刚才演示的那种模块一样，带有描述文件，而是会直接从类路径所表示的路径里读取它所需要的其他模块与类。未命名模块这一概念让你的代码能跟那些在还没引入模块机制之前所编写的程序保持兼容，而且这样还有个好处是，你在调试程序时不用怀疑自己是不是把模块给定义错了，因为这种模块默认会把所有的包都公布出来。

虽然模块对应用程序的可持续性、安全性与可复用性很有帮助，但很多人还是没有使用，因为这会给开发者增加一些负担，要求他们必须将模块配置好，而且还要求他们在运用设计模式的时候，除了要把类与类、包与包之间的关系理顺，还必须把模块与模块之间的依赖关系弄清楚，让代码符合 SOLID 原则。

如果你要使用模块，那必须注意模块之间不能出现循环依赖。JPMS 会在后台创建无环模块图，以便更为有效地加载模块（但如果你是通过传统的类路径机制执行 Java 程序的，那就不是这样了）。

自己开发模块的时候，需要编写模块描述文件（也叫作模块声明或模块描述符），在这个文件里，你可以通过 Java 平台提供的指令集把模块中的某一部分公布给外界。

范例 2.16 演示了如何创建一个简单的模块。看到这个例子，大家就不用担心模块用起来会特别复杂了。而且有了刚才讲的那些知识，这个模块制作起来应该会比较顺利。

范例 2.16 范例模块的文件结构

```
module-example
├── example
│   └── ExampleMain.java
└── module-info.java
```

我们要在这个模块里创建一个可执行的主类，该类的源代码位于 ExampleMain.java 源文件中。另外，还需要写一个模块描述符，它的内容位于 module-info.java 文件中（参见范例 2.17）。有了描述符，我们就可以将该模块纳入 JPMS。

范例 2.17 创建范例 2.16 模块里的两个文件

```
// file module-info.java
module module.example {
    exports example;
}

// file ExampleMain.java
package example;

public class ExampleMain {
    public static void main(String[] args) {
        System.out.println("Welcome to JMPS!");
    }
}
```

通过这个例子，大家应该能够明白如何将项目拆分成不同的模块，并给每个模块编写适当的 module-info.java 描述文件（参见范例 2.16）。在这种文件中，我们可以定义该模块与其他模块之间的交互关系，例如，通过 requires 指令指出我们这个模块需要依赖哪些模块，或者通过 exports 指令把我们这个模块里的内容公布给其他模块。总之，将模块纳入 JPMS 之后，Java 系统就会确保程序代码遵守模块之间的约束（包括可见度方面的约束，例如，某模块无法访问其他模块没有公布给它的内容）。

范例 2.18　将范例 2.17 中的文件（也包括模块描述符）按照范例 2.16 中的结构安排好后，编译为模块，然后用 java--describe-module 命令查询该模块的信息

```
$ javac -d ./out ./module-example/module-info.java
    ./module-example/example/ExampleMain.java
$ jar --create --file module-example.jar -C ./out .
$ java --module-path ./module-example.jar -module
    module.example/example.ExampleMain
```

执行完这三条命令后，结果如下：

```
Welcome to JMPS!
$ java --module-path ./module-example.jar --describe-module
    module.example
```

执行结果如下：

```
module.example
exports example
requires java.base mandated
```

加入模块系统是 Java 平台的一次重大变化，这给软件开发者提供了一种新的做法，让他们能够清晰地界定包与包之间的交互关系，但是这种做法目前还没有得到广泛接受或理解。这可能是因为它要求开发者在设计软件时，还必须多考虑一个层级，也就是除了类与包之外，还要让软件在模块层面也符合 APIE 或 SOLID 原则。

JPMS 与 Stream API 以及 lambda 都可以认为是 Java 语言截至 Java SE 11 版本所发生的重大改变。Java SE 11 是自第 8 版之后的首个 LTS 版本（Long-Time Support，长期支持）。下面我们将介绍从 Java SE 11 到 Java SE 17，Java 语言所出现的各种变化。

2.8 Java 语言在第 11 ~ 17 版之间添加的特性

我们这里主要关注性能与优化方面的特性，而且选的是那些与某种设计模式及其结构的用法有联系的特性。通过这些特性，大家可以看到，Java 语言为了提升代码的可读性、平台的易用性或语法的方便性做了哪些努力。

2.8.1 允许使用 var 关键字声明 lambda 表达式的参数（Java SE 11，JEP-323）

许多人都觉得，在 Java 语言里为了声明一个变量而写的代码好像有点多。于是，Java SE 10 添加了一个关键字，叫作 var。如果用这个关键字声明变量，那么系统会自动推断该变量的类型，这样你就不用再像原来那样，自己写出这个类型了。但是要注意，使用

var关键字声明变量必须同时对它做初始化（参见范例2.19），只有这样，系统才能做出推断。下面这个例子在拿到了stream之后，先调用了boxed方法，这相当于是一种修饰器（decorator）模式，该方法会把stream里的每个原始类型值都装箱成与那种原始类型相对应的对象（例如，把int装箱成Integer）。

范例2.19 用var关键字声明lambda表达式的参数以及局部变量，这样可以减少开发者需要编写的代码量

```
Consumer<Integer> consumer = (var number) -> {
    var result = number + 1;
    System.out.println("result:" + result);
};
IntStream.of(1, 2, 3).boxed().forEach(consumer);
```

其实lambda表达式的参数可以不加任何修饰（也就是说，既不需要明确指出这个参数的类型，也不一定非得在它前面加var关键字）。lambda表达式本身，目前还不支持注解。

2.8.2 switch表达式（Java SE 14，JEP-361）

许多开发者都在抱怨Java的switch结构写起来很乱，实现控制流的时候经常出问题。改进之后的switch与以前已经写好的代码完全兼容，而且它还提供了一个新的标签形式，也就是case CONSTANT->形式。这种形式可以把多个常量合起来写在一个case标签里，让整个switch结构更加简洁。另外，新版的switch结构可以直接作为一个表达式来使用，该表达式的值就是整个switch结构最终计算出的那个值（参见范例2.20）。新版的switch对于设计模式很有帮助，因为某些行为型设计模式要求我们必须有更为精准的控制流（参见本章参考资料8）。

范例2.20 把switch结构当成表达式使用，并通过简单的文本块来指定程序的输出格式

```
var inputNumber = 42;
String textNumber = switch (inputNumber){
    case 22,42 -> String.valueOf(inputNumber);
    default -> throw new RuntimeException("not allowed");
};
System.out.printf("""
        number:'%s'
        %n""", textNumber);
```

2.8.3 文本块（Java SE 15，JEP-378）

我们经常需要在程序里使用某种跨越多个文本行的格式。以前，我们需要手工添加一些转义序列（或者说，转义符）来维持这种多行的格式，这样做很容易出错。有了文本块之后，我们可以在代码里照原样写出这套格式，而不用再手工添加转义符去换行（参见范例2.20，以及本章参考资料9）。

2.8.4 instanceof运算符的模式匹配功能（Java SE 16，JEP-394）

以前，我们必须先判断某个变量所引用的对象是不是某种类型，在得到肯定的结果之后，才能将该变量转换为另一种类型。那样做需要多写一些代码，而且，我们在实现某些设计模式的时候，也会遇到需要先判断后转型的情况，所以，我们想尽量简化这个操作。新式的instanceof运算符让我们可以把转型的步骤省掉，在判断的同时就指定新变量名字，如果判断成立，那么这个新变量就会跟受测的变量指向同一个对象，然而该变量的类型，比受测变量更具体（参见范例2.21以及本章参考资料10）。

范例2.21 采用新式的instanceof运算符编写代码，把判断与转型放在同一个地方做

```
Object obj = "text";
if(obj instanceof String s){
    System.out.println(s.toUpperCase());
}
```

2.8.5 record（Java SE 16，JEP-395）

record类（记录类）声明起来很简单，开发者很容易就能通过它来表达程序的业务逻辑。这样的类用来承载不可变的数据。它本身已经实现了hashCode与equals方法。这意味着，我们不需要再手工实现这两个方法了（参见范例2.22以及本章参考资料11）。

范例2.22 record类能够缩减开发者需要编写的代码量，因为它本身已经把hashCode以及equals等方法实现出来了

```
private record Example(int number, String text){
    private String getTogether(){
        return number + text;
    }
}
```

2.8.6 sealed类（Java SE 17，JEP-409）

sealed是一套优雅的机制，让开发者能够控制类与接口，具体来说，就是控制某个类或接口只能为哪些子类型所扩展（参见本章参考资料12）。有了这套机制，软件设计者就能够封闭某个类，让其他一些无关的类不要去扩展这个类，同时又使得需要用到该类的代码可以访问到这个类。这样一来，我们就不用再像原来那样通过包级别的访问机制来设计了，那样做有许多限制译注。范例2.23还演示了另一个关键字，也就是non-sealed关键字，如果你想让密封类型的某个直接子类型不再封闭（或者说，把这个子类型开放给其他人去扩展），那么可以用non-sealed关键字修饰这个子类型。

范例2.23 设计一种密封的接口，并让Car这个子类型实现该接口，实现代码继承自Car的超类NormalEngine

```
public sealed interface Vehicle permits Car, Bus {
    void start();
```

```
    void stop();
}
public non-sealed class Car extends NormalEngine implements
    Vehicle {
    public String toString(){
        return "Car{running="+ super.running +'}';

    }
}
```

密封类型（包括密封类与密封接口）能够限制其他代码来扩展这个类型，这样会让软件更加安全，因为你可以把那些不应该扩展这个类型的代码给拦住（参见范例2.24）。

范例2.24　开发者可以通过密封机制阻止无关的代码扩展这个类型

```
Public class Motorbike implements Vehicle{
    public void start() {}
    public void stop() {}
}
```

由于Motorbike类型没有出现在Vehicle这个密封接口所允许的扩展类型名单里，因此它无法实现Vehicle接口，Java会在编译代码的时候报错。

```
Motorbike.java:2: error: class is not allowed to extend
sealed class: Vehicle (as it is not listed in its permits
clause)
```

密封类型也会给开发者带来一些挑战，因为你在设计密封类型的某个子类型时，必须把这个子类型的用法确定下来：如果你想让这个类型跟它的超类型一样，只能由你所允许的几种类型来扩展，那就把该类型也声明为sealed类；如果你不想再封闭它，而是想让其他代码能够扩展这个类型，那就像范例2.23中的Car一样，声明为non-sealed类；如果你已经确信，这个类型不需要再进行扩展，那就像下面这样将其声明为final类。你必须在这三种做法里面选择一种（参见范例2.25）。

范例2.25　开发者必须给密封类型的子类型指定扩展方式，如果这个子类型像本例中的Bus一样不需要再做任何扩展，那就将其声明为final

```
Public final class Bus extends SlowEngine implements
    Vehicle {}
```

虽然这看上去有点不太方便，但它能让软件更加清晰，更易维护，也有助于我们更好地运用设计模式。这套机制能够减少与接口或类有关的设计问题。

2.8.7　Java API采用UTF-8作为默认字符集（Java SE 18，JEP-400）

字符编码方面的一些模糊之处已经持续很多年了，这产生许多问题。这些问题不太容易察觉，而且在各种操作系统上的具体表现也很难预测。从Java SE 18开始，UTF-8成为默认的编码方案，所有的 Java API 在默认情况下都用 UTF-8 来编码（参见本章参考资料 13）。

2.8.8 带有模式匹配功能的switch（Java SE 18，Second Preview，JEP-420）

有了增强版的 instanceof 运算符（JEP-394）与 switch 表达式（JEP-361）之后，Java 能够提供一种更为精简的写法，让我们可以像使用带有模式匹配功能的 instanceof 那样，采用命令式的写法表示 switch 的各个分支，这样的话，我们就能按照变量的类型方便地处理各种情况了（参见范例 2.26 与本章第 14 条参考资料）。

范例 2.26 带有模式匹配功能的 switch 结构

```
Object variable = 42;
String text = switch (variable){
    case Integer i -> "number"+i;
    default -> "text";
};
```

现在我们已经把 Java 这些年来在语法上的重要改进讲了一遍，了解这些内容之后，我们就可以开始详细讨论 Java 平台的一个重要优势了。没错，这指的就是并发。

2.9 Java 的并发

我们在本章开头看到，就算运行一个相当简单的程序（参见范例 2.2 以及图 2.3），也还是会有许多个线程出现（参见图 2.4）。这意味着，用来执行程序 main 方法的那个线程在执行过程中并没有明确地创建其他线程，但即便如此，系统还是会开启多个线程，以维持程序运行。Java 平台的一个重要特点在于它能够做并发或并行。

前面讲过各线程是如何保存其变量的，还讲过为什么给堆中的对象加锁（或者说，在堆中的对象上做同步）会导致程序出现不应该有的行为。这一节主要讲解怎样在程序中开启多个线程，以便充分利用计算机的 CPU 资源。

软件开发者求助并发设计模式（concurrent design pattern）可能是为了增加应用程序的响应能力或吞吐量。

Java 平台本身已经提供了 Thread 类，用以表示线程，还在 java.lang 包里内置了相关的功能。然而从 Java SE 5 开始，我们还可以使用 executor 等机制做多线程处理，这些机制位于 java.base 模块的 java.util.concurrent 包中。

下面将详细介绍线程与执行器（executor）。

2.9.1 从线程到执行器

开发多线程的 Java 应用程序时，最为基本的一个组件就是线程（thread）。Thread 类的每一个实例都可以用来表示一个线程。然而，只通过 new 关键字把这样的实例构造出来是不足以让该线程启动的。如果你想手工触发这个线程，则可以在 Thread 型的对象上调用 start 方法（参见范例 2.27）。

范例 2.27 这是一个简单的多线程应用程序，该程序的主线程开启一个守护线程（daemon thread），这个线程会在 JVM 停止的时候立即结束

```
public class Multithreaded Program {
    public static void main(String[] args) {
        var t = new Thread(() -> {
            while(true){System.out.println("Welcome
                Thread!");}
        });
        t.setDaemon(true);
        t.start();
    }
}
```

有人觉得我们想要多少个线程，就可以在 Java 程序里创建多少个 Thread 实例，用以表示我们所需的这些线程，这是不对的。因为每创建一个 Thread 实例，系统都需要在堆中开辟一定的空间，而且要为这个线程分配相应的栈，另外，系统还必须通过 Java 运行环境里的一些区域（参见图 2.2）把这个线程跟用来维持虚拟机例行运作的基本线程给联系起来。所以，不加控制地开启线程可能会导致系统由于无法分配资源或者内存不足等而出现错误。

Java 平台所能创建的最大线程数取决于硬件与 JVM 的配置等因素。Java 的 Thread 类可以被认为是对 Runnable 接口所做的一种包装，我们在构造 Thread 时，可以传入一个实现了 Runnable 接口的类的实例。Runnable 接口属于前面讲过的函数接口，它里面只有一个必须由实现者来提供的方法，也就是 run 方法。由于 Java SE 8 引入了 lambda 机制，因此我们可以把以前写在 run 方法中的逻辑，改写成 lambda 的形式，并把这个 lambda 当成匿名函数提交给 ExecutorService，或者像范例 2.27 一样，用它来构建 Thread，这样我们就不用手工创建一个实现 Runnable 接口的类，并把这些逻辑放在它的 run 方法中了。

Java 平台允许出现那种在主程序结束后依然运行的线程，然而我们通常并不想这么做，即便想，也得仔细考虑一下，因为这种线程可能会占用关键的资源，或者会一直运行下去而无法正常结束。

另外，我们必须记住，只有在所有运行着的线程都是守护线程的情况下，JVM 才会终止。换句话说，只要还有非守护线程在运行，JVM 就不会终止（参见范例 2.27）。

主程序新建的线程默认都是非守护线程。因此，刚才那个范例程序在创建出这个新的线程后，必须调用 setDaemon 方法，把它明确标注为守护线程。假如不这么做，JVM 就会一直运行，直到底层系统把它强行关闭为止。

Java 平台提供了一些措施，让线程数量不致失控，同时又能让开发者控制程序所占据的资源以及程序的行为。Java SE 5 引入了 ExecutorService 与 ThreadFactory 这两个接口，让许多种实现方案（或者说，让许多种对创建型的设计模式所做的实现）都能合并到

ThreadFactory 这个工厂接口下。该接口只包含一个方法，叫作 newThread 方法，这个方法用来返回一个 Thread 型的实例。有了这个接口，我们就可以自己实现一个 ThreadFactory，从而把创建新线程、设置线程所属的组、设置线程优先级以及是否将其标注为守护线程等操作一起放在 newThread 方法里，这样就不用每次都通过 new Thread(...) 方式手工创建线程了，而是可以把我们的 ThreadFactory 交给 ExecutorService，让它自动使用这个 Factory 来创建线程（参见范例 2.29）。

Executors 工具类里提供了几个常用的静态方法，用于获取相应的 ExecutorService：

- newSingleThreadExecutor()
- newSingleThreadExecutor(ThreadFactory threadFactory)
- newCachedThreadPool()
- newCachedThreadPool(ThreadFactory threadFactory)

Java SE 5 还提出了一个概念，叫作 future，它通过带有泛型参数 <T> 的 Future 接口来表示。这个接口可以理解成一项以异步（asynchronous）方式计算出结果的任务。

在 Java 平台中执行任务，有两种办法可选，一种是按传统方式把任务描述成 Runnable，另一种是将其描述为 Future，以异步方式执行。

2.9.2 执行任务的两种方式

Java 平台刚开始出现的时候就已经有了线程这个概念，我们可以用 Runnable 接口描述一项任务，并用它来构造 Thread 型的对象，以表示一个执行该任务的线程（参见范例 2.28）。

范例 2.28 用 Runnable 接口来描述有待执行的任务，具体有两种写法：一种是通过匿名类实现该接口，并用这个匿名类的实例来构造 Thread 或将其交给 Executor 的 execute 方法去执行；另一种是用 lambda 来描述，这样就不需要手工创建匿名类了

```
ExecutorService executorService =
    Executors.newSingleThreadExecutor();
var runnable = new Runnable(){
    @Override
    public void run() {
        System.out.println("Welcome Runnable");
    }
};
executorService.execute(runnable);
executorService.execute(() -> System.out.println("Welcome
    Runnable"));
```

有许多业务逻辑都要求 Java 平台支持响应式编程（reactive programming），或者说，要求该平台能够同时发起多项异步任务并收集其结果，而且，许多开发者也希望 Java 能够提供这样的机制。于是，从 Java SE 5 开始，我们有了 Callable 接口。这个接口与 Runnable 一样，也是个函数接口。它只有一个抽象方法，但与 Runnable 不同的是，这个抽象方法的返回值并不是 void，而是一个类型为 <V> 的值。由于计算过程中可能出现不确定的状况，因此我们必须设法处理有可能发生的异常。我们可以把实现了 Callable 接口的某个类的实例（或者把能够实现该接口的一个 lambda）提交给 ExecutorService，让系统开始安排其中的计算任务，系统会返回 Future 对象，用于查询该任务的执行结果。

提交任务的时候，系统返回 Future 实例，表示的正是你刚刚提交的这项任务，系统会在后台安排某个线程来执行该任务。Future 接口有一个 get 方法（参见范例 2.29），用来获取任务的执行结果。调用这个方法会导致当前线程暂停，直至该任务得出结果为止。由于这个方法可能会阻塞当前线程，因此必须审慎地使用，否则，程序的性能会受到影响。

范例 2.29 用 Callable 接口来描述一项能够得出结果的任务，具体有两种写法：一种是通过匿名类实现该接口，并把这个匿名类的实例提交给 ExecutorService 的 sumbit 方法，以安排异步执行；另一种是用 lambda 来描述，这样就不需要手工创建匿名类了

```
var futureCallable = executorService.submit(callable);
Future<String> futureCallableAnonymous = executor.submit(()
    -> "Welcome to Future");

System.out.println("""
        futureCallable:'%s',
        futureCallableAnonymous:'%s'
        """.formatted(futureCallable.get(),
            futureCallableAnonymous.get()));
```

用 Callable 描述任务与用 Runnable 来描述是有区别的，因为 Callable 型的任务可以提交给 ExecutorService，从而形成一个表示该任务执行情况的 Future 对象。另外，我们还必须注意处理以 Future 形式表示的 Callable 任务在执行过程中发生的异常，因为计算过程有可能出错（此时必须处理 ExecutionException），而且用来执行这项任务的工作线程（worker thread）也有可能遭到中断（此时必须处理 InterruptedException）。

2.10 小结

学完这一章，大家应该能很好地理解 Java 平台内部的一些原理。我们介绍了静态分配的数据与程序在运行过程中动态创建的对象实例之间的区别。还讲了多线程的程序应该如何利用同步机制来确保数据协调，在讲解这个话题的过程中，大家看到了 Java 的内存管理方式，以及平台为程序在多线程环境下表现出的执行顺序所做的一些保证。这一章不仅讲了堆内存、虚拟机里的各个区域，以及对象回收算法，而且还提到了几种常用的设计模式（例如，修饰器、工厂等），我们在开始考虑实现某一个或某一套设计模式之前，必须先注意下面几点：

- Java 平台是怎样处理字段与变量的。

- ❑ 内存管理为什么很重要。
- ❑ 程序因为出错而退出时所返回的各种状态码是什么意思，这些错误分别是什么原因导致的。
- ❑ Java 平台提供了哪些核心的 API。
- ❑ 如何利用 Java 平台所提供的函数式编程功能来编写程序。
- ❑ Java 平台最近做了哪些更新，如何利用这些新特性来简化设计模式的实现工作。
- ❑ 如何正确编写并发的 Java 程序。

通过学习前两章的内容，我们有了扎实的基础知识。接下来，我们将逐个讲解设计模式。下一章将介绍的是创建型设计模式。这些设计模式会让我们更加注意代码的结构，并思考怎样给出能够应对各种问题的解决方案。

2.11 习题

1. Java 平台由哪些基本部分组成？
2. 为什么说 Java 是一种静态类型的编程语言？
3. Java 语言的各种原始类型分别是什么？
4. 在 Java 的内存管理机制中，负责回收内存的组件叫什么？
5. Java 集合框架里的 Collection 接口主要由哪几种接口来扩展？
6. 什么样的值会保存在 Map 类型的数据结构中？
7. “查询某元素是否位于 Set 中”这一操作的时间复杂度是多少？（用大 O 表示法来表示。）
8. “查询某元素是否位于 ArrayList 中”这一操作的时间复杂度是多少？（用大 O 表示法来表示。）
9. Stream API 里的 filter 方法接受的是哪种函数接口？
10. Stream API 是采用什么方式处理元素的？

2.12 参考资料

- *The Garbage Collection Handbook: The Art of Automatic Memory Management*, Anthony Hosking, Eliot B. Moss, and Richard Jones, CRC Press, ISBN-13: 978-1420082791, ISBN-10: 9781420082791, 1996
- Java Generics: `https://docs.oracle.com/javase/tutorial/java/generics/index.html`
- The JPMS (JSR 376): `https://openjdk.java.net/projects/jigsaw/spec/`
- The Java tutorials: `https://docs.oracle.com/javase/tutorial/java`
- Java GC basics: `https://www.oracle.com/webfolder/technetwork/tutorials/obe/java/gc01/index.html`
- The JVM specification, Java SE 17 Edition: `https://docs.oracle.com/javase/specs/jvms/se17/html/index.html`

- OpenJDK, HotSpot runtime overview: `https://openjdk.java.net/groups/hotspot/docs/RuntimeOverview.html`
- *JEP 361: Switch Expression*: `https://openjdk.java.net/jeps/361`
- *JEP 378: Text Blocks*: `https://openjdk.java.net/jeps/378`
- *JEP 394: Pattern matching for instanceof*: `https://openjdk.java.net/jeps/394`
- *JEP 395: Records*: `https://openjdk.java.net/jeps/395`
- *JEP 409: Sealed Classes*: `https://openjdk.java.net/jeps/409`
- *JEP 400: UTF-8 by Default*: `https://openjdk.java.net/jeps/400`
- *JEP 420: Pattern Matching for switch (Second Preview)*: `https://openjdk.java.net/jeps/420`
- The `java.util.stream` package: `https://docs.oracle.com/javase/8/docs/api/java/util/stream/package-summary.html`
- *JEP 300: Launch Single-File Source-Code Programs*: `https://openjdk.java.net/jeps/330`
- *A multiprocessor system design*. Fall Join Computer Conference, Melvin E. Conway (1963). pp. 139 -146.

第二部分 Part 2

用 Java 语言实现标准的设计模式

设计模式通常分为三类，也就是创建型设计模式、行为型设计模式以及结构型设计模式，大家应该都比较熟悉了。该部分将讲解并演示这三类模式。笔者将详细介绍每一个设计模式。

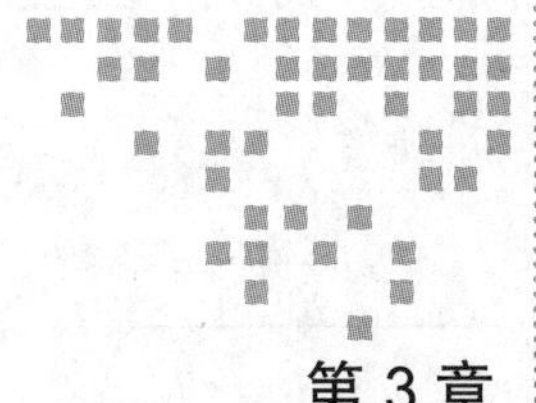

第 3 章 Chapter 3

创建型设计模式

过去几十年间，IT 业已经从原来那种孤立的系统大 4 幅转向分布式或者混合式的解决方案。这些新的系统形式让我们看到了软件开发中的一些新问题。

分布式解决方案似乎能够吸引我们从旧式的系统中迁移过来，但实际的迁移工作可能没有这么容易。为了迁移，我们必须重构，而这样的重构可能会引发其他一些问题，因为我们在重构的过程中，可能要把某个大的职责划分成多个小的职责，或者要把某一套紧密耦合的逻辑与业务规则给拆解开，而且还会遇到许多未知的（或者说，以前没有注意到的）逻辑关系，那些逻辑可能由于我们发现得太晚而无法适当地予以拆解。

本章将介绍创建型设计模式。这些模式在我们组合软件的过程中起着重要的作用。它们能够让代码变得易于维护、易于阅读。这些创建型设计模式都遵守前面提到的那些原则，或者说，都有助于我们践行 DRY（Don't Repeat Yourself，不要重复自己）这一理念。

学完本章，你就能够很好地理解应该如何写出易于维护的代码，以便在 JVM 的堆或栈中合理地创建对象。

3.1 技术准备

本章的代码文件可以在本书的 GitHub 仓库里找到，网址为 https://github.com/PacktPublishing/Practical-Design-Patterns-for-Java-Developers/tree/main/Chapter03。

3.2 从类怎么变成对象说起

Java 中的每个对象都必须由某个类来描述。但是在讲对象和类之前，我们先从原理上看看软件（也就是应用程序）的数据处理流程。我们把这套流程分为下面几个部分（参见图 3.1）。

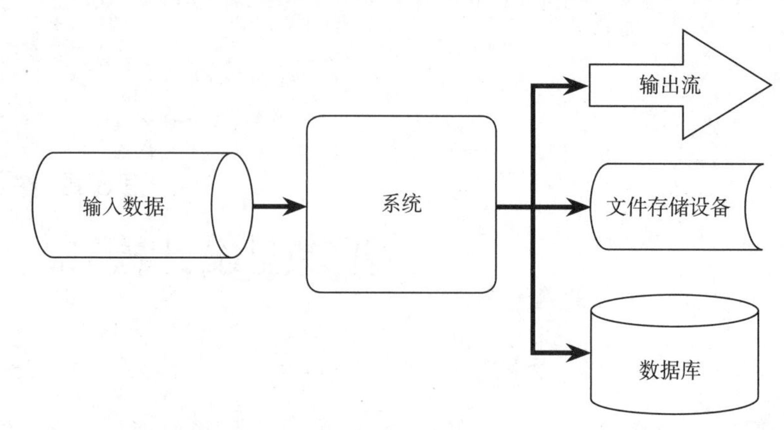

图 3.1 从原理上展示应用程序的数据处理流程

输入数据（也称为输入流或者信息流）为应用程序所接纳之后，程序会处理其中的数据，并产生处理结果。然后，程序本身的系统会按照需求把结果存放到（或者写进）目标设备中。

程序本身的系统能够在不同的条件下以不同的方式输出结果。例如，可以保存到数据库或文件系统里，还可以写到某个输出流中，从而形成一个网页或者形成一段展示给用户看的信息。

程序本身的系统会接纳输入流中的数据，对这些数据做出处理并把结果保存到数据库等输出设备中。如果不去特意地设计，那么这种系统的各个部件之间基本上会耦合得较为紧密，而且每个部件都会跟其他许多部件相互关联。

耦合会发生在不同的层面上，其中某些耦合关系，软件设计者或许注意不到。类与类之间会耦合，对象与对象之间也会耦合，包与包之间还是会耦合。我们当然可以不去改进软件的设计，而是从升级硬件入手，来弥补应用程序在软件算法上的缺陷。硬件的发展情况可以用摩尔定律来量化，这条定律最初发表于 1965 年。

根据摩尔定律，集成电路的元件数量每年都会翻倍。到了 1975 年，这条定律修订为集成电路的元件数量每两年会翻一倍。尽管一直都有人争论这条定律是否有效，但根据目前的趋势（以及目前我们需要升级硬件的速度）来看，过不了多久，这条定律恐怕还得修订。其实并不是世界上所有的硬件都需要升级得再快一些（目前已经升级得相当快了），因为应用程序处理信息的速度并不完全由硬件的速度决定，有时就算继续升级硬件也无法提升这一速度。要想让应用程序把硬件方面的优势充分发挥出来，我们除了升级硬件，还必须注重算法的品质与复杂程度。

有一些客观限制导致我们无法继续提升对象的实例化速度，因为我们必须先把创建对象所需的信息放在内存里，而这个放置数据的速度到了一定程度就不太容易继续提升了。这意味着接下来的一段时间里，软件方面的压力会增加，也就是说，软件的开发者与设计者必须想办法从软件方面来提升程序的效率。为了把应用程序的逻辑理顺，我们必须清楚地意识到应用程序的工作原理，尤其是程序如何使用JVM的各个区域，例如，方法区、堆，以及每个线程的栈（参见图2.2）。

目前的软件开发趋势是注重对大量数据进行映射、变换或管理，因此，创建型设计模式尤其值得研究、学习并理解这有助于我们应对常见的软件开发问题。GoF设计模式的时代已经过去了，但那本书中提出的问题依然存在，而且那些问题现在肯定有了新的变化。其实在许多场合，只要做出适当的抽象，我们就可以沿用经典的创建型设计模式，而不必大幅改造。这些模式能够创建对象（或者说，创建某个类的实例），并将其放置在JVM的相关区域中。如果运用得当，不仅可以提升程序的计算效率并降低开销，还能让业务逻辑更加清晰。

下一节将讨论创建对象的各种方式。我们还会在讲解这些方式的过程中，运用Java近年来增加的语法特性以及一些新用法，这些特性与用法能够让源代码变得更为简洁。我们先从极其常见的一种创建型设计模式讲起，这就是工厂方法模式。

3.3　工厂方法模式——根据输入的数据创建对象

这个模式的主要目标是把创建某种类型的对象（或者说，对符合该类型的某个类进行实例化）这一操作集中到一个方法里。等程序运行到真正需要创建对象的那一刻，再由这个方法来决定具体创建哪个类的实例。在经典的GoF设计模式中也提到过工厂方法模式。

3.3.1　动机

工厂方法模式会把负责创建新实例的代码与其余代码分隔开，并专门用一个方法（也就是工厂方法）来提供程序创建出的这个实例。该模式会设计一种通用的接口，用来抽象实现了该接口的各种具体类，使得其他部分的代码不用跟这套类体系直接打交道。那些代码不需要关心具体的实例化逻辑，只需要调用工厂方法来获取新创建的实例即可。由于抽象出了一个通用的接口，因此开发者可以让程序等到真正需要创建实例的那一刻，再去酌情决定具体创建哪个类的实例，因为无论最终选定哪个类，它都会实现这个通用的接口。于是，其余的代码只需要通过此接口来操作就好，不用关心创建出来的对象究竟是哪个类的实例。

这个模式通常会被运用在应用程序开发工作刚刚起步时，因为我们很容易就能重构现有的代码，从中抽象出一个通用的接口以及一个工厂方法，从而让代码变得更加清晰。

虽然这个模式会让代码中多出来一些东西，但总的来说，还是比较容易把握的。

3.3.2　该模式在JDK中的运用

工厂方法模式在Java集合框架中用得很多，JDK通过该模式提供相应的容器对象。这些方法位于java.base模块的java.util包中。包里面的Set、List与Map接口都有一些用来构造某种Set、List或Map的静态方法，这些静态方法运用的正是工厂方法模式。其中Set

与 List 还同时实现了一个更为宽泛的接口，也就是 Collection。但 Map 没有实现 Collection 接口，因为 Map 不像 Set 或 List 那样保存一系列单个的值，它保存的是一系列键值对，这些键值对可以用 Map.Entry 这个接口来描述。Set、List 与 Map 类型都各自提供了一套名为 of 的工厂方法，用户可以从多个重载版本里选择一个，以创建符合相关接口的对象，而不用关注这个对象具体是哪个类的实例。

java.util 包中的 Collections 类是个工具类。这个类含有多个工厂方法，能够创建各种 List、Set 或 Map 对象。JDK 里还有一个用到工厂方法模式的地方也值得注意，这就是 Executors 工具类。这个类位于 java.base 模块的 java.util.concurrent 包里。Executors 类定义了一些静态方法，例如，newFixedThreadPool，以供用户创建各种 ExecutorService 对象。

3.3.3 范例代码

我们来假想一个能够与现实生活相比拟的例子，以演示如何将该模式抽象出来。例如，我们的应用程序要记录车辆的生产情况。大多数公司同时都会生产好几种车。所以，生产车辆的那个方法创建的实际上是许多种不同的对象，每一种对象都属于某个与其车型相对应的类。为了把程序的意图清晰地表达出来，我们用 UML（Unified Modeling Language，统一建模语言）绘制如图 3.2 所示的类图（class diagram）。

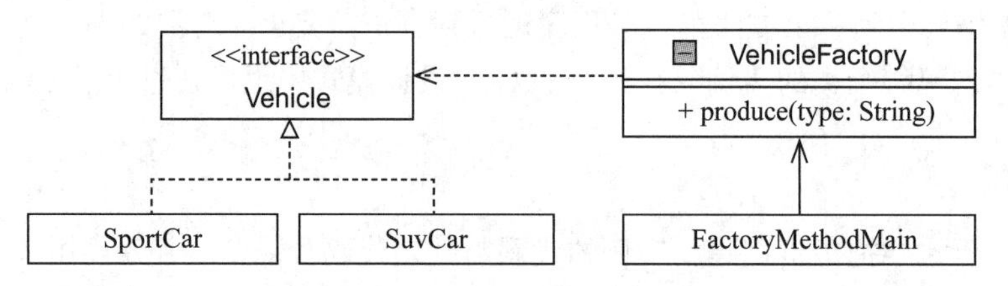

图 3.2 记录车辆生产情况的这个范例应用程序中的类型关系

我们打算设计一个工厂方法，让它能够产生两种车辆，这样的话，应用程序就可以根据需求，通过这个工厂方法当场生产自己想要的那种车了（参见范例 3.1）。

范例 3.1 VehicleFactory 类的工厂方法能够根据输入的参数生产位于同一个体系中的不同产品

```
public static void main(String[] args) {
    System.out.println("Pattern Factory Method: Vehicle
        Factory 2");
    var sportCar = VehicleFactory.produce("sport");
    System.out.println("sport-car:" + sportCar);
    sportCar.move();
}
```

程序的输出结果如下：

```
Pattern Factory Method: Vehicle Factory 2
sport-car:SportCar[type=porsche 911]
SportCar, type:'porsche 911', move
```

为了不让创建具体车辆的代码在程序中散布得较为混乱，我们专门创建一个提供工厂方法的工厂类（即代码中的 VehicleFactory 类），让这个类来负责车辆的创建工作。它会把制作具体车辆所需的装配流程给封装起来，只公布一个入口点，让用户通过这个入口创建自己想要的那种车辆（参见范例 3.2）。这个工厂类只需要实现一个静态方法（也就是提供给用户的这个工厂方法）就行，所以我们把构造器设为 private，防止其他类创建我们这个工厂类的实例，因为这样的工厂类不应该存在实例。

范例 3.2 VehicleFactory 类公布了一个静态的工厂方法，让用户能够利用这个方法创建某个类的实例，那个类必定实现了 Vehicle 接口

```
final class VehicleFactory {
private VehicleFactory(){}
    static Vehicle produce(String type){
        return switch (type) {
            case "sport" -> new SportCar("porsche 911");
            case "suv" -> new SuvCar("skoda kodiaq");
            default -> throw new
                IllegalArgumentException("""
            not implemented type:'%s'
                """.formatted(type));
        };
    }
}
```

这个工厂方法中的 switch 表达式采用了新式写法，这样写起来更为简单。不用像老式的 switch 结构那样，必须在外面先声明一个用来保存结果的局部变量，然后在各分支里将构造出的实例赋给该变量并通过 break 语句跳出分支，最后返回局部变量的值。在我们的应用程序中，有好几个类都会实现一般车辆的 Vehicle 接口（参见范例 3.3）。

范例 3.3 程序所能创建的每一种车辆，都必须实现 Vehicle 接口并为其中的抽象方法提供代码，这样的话，工厂方法就能够用该接口来统合这些车辆

```
interface Vehicle {
    void move();
}
```

Java 最近还提供了一种新的写法，也就是允许开发者定义 record 类型的类，这让我们能够更为方便地将数据封装为类，并遵循 SOLID 原则。某一套数据应该封装成普通的类还是应该封装成 record 类，要看软件架构师是否允许该类实例的内部状态发生变化。首先我们看看怎样用普通的 Java 类来定义某种车辆（参见范例 3.4）。

范例 3.4 SuvCar 类允许添加一些状态可变的内部字段

```
class SuvCar implements Vehicle {
    private final String type;
    public SuvCar(String t){
```

```
        this.type = t;
    }
    @Override
    public void move() {...}
}
```

如果软件架构师已经确定这个类的实例的状态不应该在创建之后再发生变化，那么可以改用 record 类来定义，因为这样的类会自动实现正确的 hashCode 与 equals 方法，还会自动实现合理的 toString 方法（参见范例 3.5）。

范例 3.5 用 record 类可以方便地定义出实例状态不可变的类

```
record SportCar(String type) implements Vehicle {
    @Override
    public void move() {
        System.out.println("""
        SportCar, type:'%s', move""".formatted(type));
    }
}
```

Java 语言最近增设的 record 特性能让开发者省去很多样板代码，同时又能够根据需求灵活地添加自己想要的功能（2.8.5 节介绍了这个新特性）。

3.3.4 模式小结

工厂方法模式有许多限制，最为显著的一个是它只适用于同一个体系里的类。这意味着，这些类都必须具备相似的特征，或者都必须衍生自某一个共同的基点。假如某个类不是这样，那么应用程序为了创建该类的实例，就必须专门编写一段代码，而不能沿用工厂方法，这会导致这段码与这个类之间形成耦合。

运用工厂方法模式的时候，还需要考虑工厂方法本身应该设计成静态方法还是实例方法（如果设计成前者，那么无须创建工厂类的实例即可调用该方法；若是设计成后者，则必须在虚拟机的堆中先创建这么一个工厂类的实例，然后才能在其上调用工厂方法）。具体怎么选，可以由软件设计者自己决定。

现在，我们知道只要靠一个提供工厂方法的工厂类就可以创建某一个体系中的类实例。但如果我们要考虑的不是某一套较为相似的产品，而是要从好几个系列中选择一个系列的一种产品来创建，那该怎么办？在这种情况下，我们需要设计多个工厂，以创建不同系列的产品，这些工厂继承自一个定义了这套产品生产工作的抽象工厂。

3.4 抽象工厂模式——用适当的工厂方法创建某个系列的产品

该模式要对工厂本身做出抽象，让应用程序无须通过硬代码来指定具体的工厂类（而且也不需要指定那个工厂所制作的具体产品）。用户只需设法获取适当的工厂，并通过这个工厂来制作产品，不用手动创建该工厂。与工厂方法模式一样，这个模式在《设计模式》一书中也出现过。

3.4.1 动机

把程序划分成不同的模块可能是比较困难的事情。所以软件设计者或许会将程序中的某些类封装起来，使得这些类的代码不会继续增加，从而让划分模块的工作变得稍微清晰一些。抽象工厂模式是把创建具体工厂的逻辑与使用工厂产品的逻辑分开，这样的话，用户只需要关注自己获取某个工厂之后，如何通过该工厂所制作的产品来构建需要的功能。抽象工厂模式提供了一种标准的交付方式，把用户所需要的工厂交给对方使用。用户获得了工厂之后，就能够用这个工厂去实例化各种具体的产品对象。抽象工厂模式本身也遵循SOLID原则，它会让代码变得易于维护，因为用户现在不仅无须关注具体的产品如何制造，而且也不用再担心创建这些产品的具体工厂是怎么创造出来的。用户只需在获得工厂后，命令该工厂创建各种产品，并通过装配这些产品来表达自己的意图。

3.4.2 该模式在 JDK 中的运用

抽象工厂模式在JDK的javax.xml.parsers包里出现过，这个包位于java.xml模块中。包里的DocumentBuilderFactory类既是抽象工厂本身，也是给用户提供具体工厂的入口，这个入口就是该类的newInstance静态方法。DocumentBuilderFactory利用查找服务（lookup service，又称为发现服务）来确定究竟应该把哪一种具体的工厂提供给用户。

3.4.3 范例代码

还是以车辆为例。虽然我们生产的多种车辆之间具有共性，但每一种车都有它自己的一套制作流程，所以我们想用不同的工厂来制造不同系列的车（参见图3.3）。

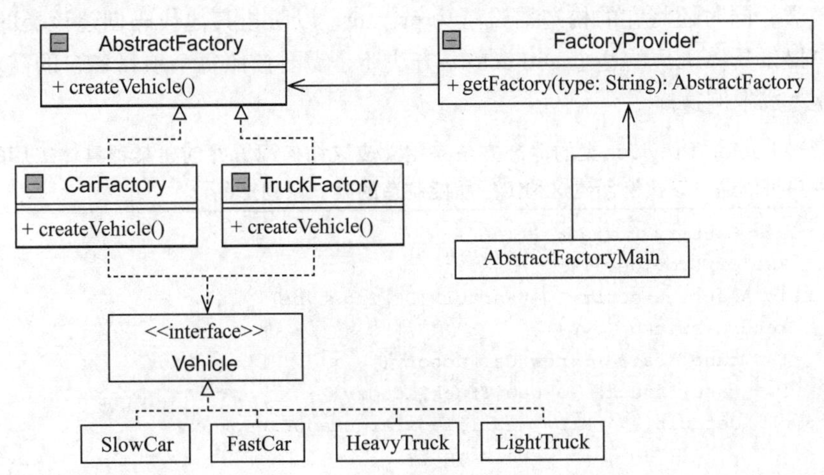

图3.3 用抽象工厂模式把各种车的具体制作流程分别封装到不同的具体工厂里

这些具体工厂虽然创建的都是各自系列的产品，但它们之间仍有共性，例如，它们都提供了 createVehicle 方法用来制作车辆，而且无论制作出的是汽车系列还是卡车系列，总之都是车（Vehicle）。实现这个模式需要注意的是，每一种具体的工厂都可以继承抽象工厂的一些逻辑，但同时也可以根据该工厂所要制作的这一系列产品采用专门的步骤做初始化（例如，Car 产品的初始化逻辑可能就与 Truck 产品有所区别，因此，CarFactory 的 createVehicle 方法写起来可能就跟 TruckFactory 的同名方法有所不同）。下面这段范例代码演示了如何获取正确的工厂（在本例中是指 CarFactory 实例），并用该工厂来制作它所支持的产品（在本例中是指 SlowCar 对象），参见范例 3.6。

范例 3.6 用户获取适当的工厂并通过该工厂创建自己需要的车辆

```
public static void main(String[] args) {
    ...
    AbstractFactory carFactory =
         FactoryProvider.getFactory("car");
     Vehicle slowCar = carFactory.createVehicle("slow");
        slowCar.move();
}
```

程序输出结果如下：

```
Pattern Abstract Factory: create factory to produce
    vehicle...
slow car, move
```

抽象工厂模式若想运用得当，关键是要有一个给用户提供工厂的机制，例如，本例中的 FactoryProvider 类就提供了这样的机制，它的静态方法（也就是 getFactory 方法）会根据用户传入的参数创建具体工厂，并将其交付给用户（参见范例 3.7）。我们设计的 FactoryProvider 是一个只需带有静态方法的工具类，因此这里将其设置为 final，以防止其他类扩展该类，同时还将它的构造器设置为 private，以防止其他代码创建该类的实例。当然，给用户提供具体工厂的这个 getFactory 方法还是需要按照每个项目各自的需求来实现，不一定非要写成本例这样。

范例 3.7 通过 FactoryProvider 类的静态方法来定义应该如何配置并创建某种具体工厂的实例，让用户可以通过该实例创建这种工厂所能制造的某一系列产品

```
final class FactoryProvider {
private FactoryProvider(){}
    static AbstractFactory getFactory(String type){
        return switch (type) {
            case "car" -> new CarFactory();
            case "truck" -> new TruckFactory();
            default -> throw new IllegalArgumentException
                ("""         this is %s
                 """.formatted(type));
        };
```

```
    }
}
```

每一种具体工厂都可以从抽象工厂里继承一些逻辑或特性，这样的话，这些内容就无须在每个具体工厂里再重复一遍，这也符合 DRY 原则（参见范例 3.8）。

范例 3.8 我们可以把这些具体工厂所共用的一些逻辑或方法放在充当抽象工厂的这个 AbstractFactory 类里，并让每个具体工厂根据自己的需求分别进行扩展或实现

```
abstract class AbstractFactory {
    abstract Vehicle createVehicle(String type);
}
```

某一种具体工厂可以沿用从抽象工厂继承下来的逻辑，并在这个基础上有所增添，也可以自己实现一套逻辑。由于本例中的抽象工厂把制作产品的 createVehicle 方法设计成了抽象方法，因此每一种具体的工厂（例如，TruckFactory 与 CarFactory）都必须自行提供实现，而不能沿用抽象工厂已经有的那种实现（参见范例 3.9）。

范例 3.9 TruckFactory 类是继承自抽象工厂 AbstractFactory 的一种具体工厂

```
class TruckFactory extends AbstractFactory {
    @Override
    Vehicle createVehicle(String type) {
        return switch(type) {
            case "heavy" -> new HeavyTruck();
            case "light" -> new LightTruck();
            default -> throw new IllegalArgumentException
                ("not implemented");
        };
    }
}
```

3.4.4 模式小结

抽象工厂模式让我们能够采用一套连贯的方式来处理产品。假如把制作各种产品的逻辑全都放到一个超级工厂类里，那么程序运行的时候，这个类就有可能出现各种问题，例如，如果制造某种产品的代码没有写对（例如，未能提供当场制造该产品所需的信息），那么程序就会出现异常或错误。但如果改用抽象工厂模式来描述这些产品的制作逻辑，那么程序测试起来就容易多了，因为即便有错，我们也能很清楚地知道错在哪里。抽象工厂除了提供创建产品的方法，还能定义其他一些相关方法。开发者只需要通过抽象工厂所提供的这套接口来获取制作好的产品就行，而无须担心这些产品具体是如何制作出来的，这就达成了关注点的分离，也就是把不同的问题划分到不同的部分里。抽象工厂本身可以设计成接口类型，也可以设计成抽象类。无论怎么设计，工厂的用户都只需要使用工厂所制作出的产品就好，而不用关注这些产品究竟是怎么装配并创建出来的。

把制作产品的逻辑封装到工厂里并让这些逻辑与使用产品的代码相分离，有时也会出现一些限制。例如，抽象工厂若要正常运作，可能需要依赖各种参数，但这些参数只应该由打算实现该工厂的那几种具体工厂来指定，而不应随意由其他代码指定。为了让这些工厂的代码维护起来更为容易，可以考虑用密封类机制（参见 2.8.6 节）限定某个抽象工厂只应该由哪几种具体工厂来扩展，这样能够让代码更加稳定。

下一节将讲解怎样定制复杂对象的创建流程。

3.5 建造者模式——实例化复杂的对象

建造者（Builder）模式让我们能够把复杂对象的构造过程与主动发起构造操作的代码分隔开，从而能够复用这个构造过程，让我们可以通过不同的参数配置来创建同一个类型的不同对象。建造者模式很早就出现了，它也是 GoF 设计模式的一种。

3.5.1 动机

建造者模式主要是把复杂实例的构造过程单独提取出来，让主动发起构造操作的那部分代码变得简单一些。把这个构造过程单独划分出来之后，我们还可以将其拆解成多个步骤。这使得用户可以根据自己的需要来安排构造过程中的各个环节，从而以不同的参数构造出同一类型的不同实例。建造者模式里充当建造者的这部分代码是要单独写成一个类的，这样能方便我们扩充建造者的功能。此模式可以把实例的建造过程封装起来，让这个过程更清晰，也更符合 SOLID 原则。

3.5.2 该模式在 JDK 中的运用

建造者模式频繁出现在 JDK 里。一个很经典的例子就是用它来创建字符序列（也就是字符串）。例如，java.base 模块的 java.lang 包里有 StringBuilder 与 StringBuffer 这样两个类，它们都是建造者类，由于处在 java.lang 包中，因此每一个 Java 应用程序都可以直接使用这两个类，而无须明确引入。这两个字符串建造者类都提供了各种重载版本的方法，用来接受不同类型的输入值。它们会把这些值与目前已经构造出来的这部分字符序列相拼接，并放置在内部的字节数组里，开发者可以调用 toString 方法，以便在建造完毕之后获取最终建造出来的字符串。我们还可以举一些例子，例如，java.net.http 包中的 HttpRequest.Builder 接口以及该接口的各种实现类，java.util.stream 包中的 Stream.Builder 接口及其实现类，等等。建造者模式是一种相当常见的模式，所以 JDK 里有许多地方都用到了这个模式。其中值得一提的是 Locale.Builder 与 Calendar.Builder 这两个建造者类，它们都提供了一系列 setter 方法，让用户能够在确定最终产品之前先为该产品设定各种参数。这两个类都在 java.base 模块的 java.util 包中。

3.5.3 范例代码

建造者模式的关键组成部分是充当构建者的这个类，它里面含有建造产品所需的一些值，具体来说，就是一些指向产品部件的引用（参见图 3.4）。

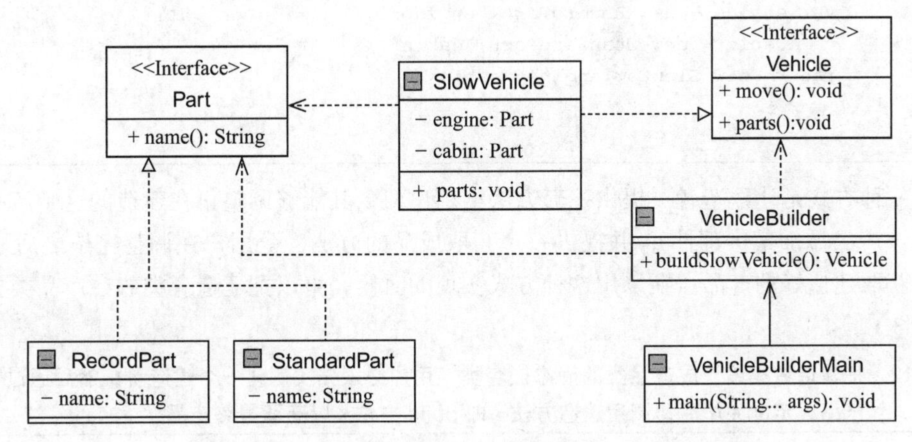

图 3.4 怎样用建造者模式方便地制作新的 Vehicle 实例

建造者模式的职责是让用户能够通过它方便地制作实例（参见范例 3.10）。

范例 3.10 建造者模式里的建造者类可以根据需求采用不同的方式实现

```
public static void main(String[] args) {
    System.out.println("Builder pattern: building
        vehicles");

    var slowVehicle = VehicleBuilder.buildSlowVehicle();
    var fastVehicle = new FastVehicle.Builder()
                        .addCabin("cabin")
                        .addEngine("Engine")
                        .build();
    slowVehicle.parts();
    fastVehicle.parts();
}
```

程序输出结果如下：

```
Builder pattern: building vehicles
SlowVehicle,engine: RecordPart[name=engine]
SlowVehicle,cabin: StandardPart{name='cabin'}
FastVehicle,engine: StandardPart{name='Engine'}
FastVehicle,cabin: RecordPart[name=cabin]
```

建造者模式可以用各种方式实现，其中一种是把所有的建造逻辑都封装起来，只提供一个获取成品的建造方法，这样不用暴露任何实现细节（参见范例 3.11）。

范例 3.11 VehicleBuilder 类把建造逻辑全都封装了起来，只提供一个方法给用户，令其通过该方法获取建造完成的实例

```
final class VehicleBuilder {
    static Vehicle buildSlowCar(){
        var engine = new RecordPart("engine");
        var cabin = new StandardPart("cabin");
        return new SlowCar(engine, cabin);
    }
}
```

另一种方式是让建造者类提供一套方法给用户，令其能够调整正在建造的这个产品（例如，为该产品添加某个部件），并提供一个获取成品的方法，令用户在调整完毕之后通过这个方法获取建造好的产品。在采用这种方式实现的时候，可以把建造者类放在产品类里（参见范例 3.12）。

范例 3.12 把建造者类设计成产品类的静态嵌套类，用户必须先实例化一个建造者，然后通过它定制产品，定制完毕后，调用建造方法（即 build 方法）以获取最终产品

```
class FastCar implements Vehicle {
    final static class Builder {
        private Part engine;
        private Part cabin;
        Builder(){}
        Builder addEngine(String e){...}
        Builder addCabin(String c){...}
        FastCar build(){
            return new FastCar(engine, cabin);
        }
    }

    private final Part engine;
    private final Part cabin;
    ...
    @Override
    public void move() {...}
    @Override
    public void parts() {...}
}
```

这两种实现方式都符合 SOLID 原则。建造者模式很好地演示了怎样遵循抽象、多态、继承、封装（APIE）原则，设计出易于重构、扩展或验证的解决方案。

3.5.4 模式小结

建造者模式把建造产品的复杂逻辑与使用该产品的业务逻辑分开，这体现了单一责任原则（SRP），因为建造者只有唯一的一个职责，也就是建造产品。这样做能够让代码更容易阅读，也能够减少重复，所以它还符合 DRY 原则。建造者模式使用很广泛，因为它能够减少“代码坏味”（code smell）与构造器污染 [是指为了描述各种可定制参数与这些参数的各种使用情况（例如，定制某几个参数并让其他参数保持默认）而设计出许多构造器的做法]。另外，它还能让代码更易于测试。这个模式让我们不需要再设计那么多种构造器，把每一种定制方式都设计成一个构造器会造成浪费，因为其中有些定制方式可能根本就用不到。

建造者模式还需要考虑是否需要用一个实例来表示建造者。刚才说的第一种方案不需要这样的实例，用户可以直接通过建造者类的静态方法来制作产品；第二种方案需要这样的实例，因为正在建造的这件产品必须同一个建造者实例相关联，使得用户可以通过调用该实例的各种方法来调整正在建造的对象。具体如何选择，要看软件设计者是否允许用户定制正在制作的产品。

即便有了建造者模式，用户通过该模式来建造产品的过程依然比较复杂。所以有的时候可以设法减少这个过程的执行次数，也就是说，如果我们需要创建新的对象，那可以考虑克隆现有的对象，下一节将讲解与此相关的模式。

3.6　原型模式——克隆对象

原型模式用来免除复杂的实例化过程，让用户不用总是重复这个过程，也让设计者无须提供过多的工厂来制作各种实例，而是可以让用户在现有的实例上克隆并加以调整。这是一个较为常见的模式，也属于经典的 GoF 设计模式。

3.6.1　动机

如果你不想总是重复某一个复杂的实例化过程，或者不想仅仅为了制作配置略有区别的产品而设计过多的工厂，那么原型模式会很有帮助。它能够把已有的某个对象当作原型，并根据该对象克隆新的实例。克隆出来的实例与当作原型的那个实例之间是相互独立的，可以各自进行定制。这样的话，我们就可以把创建实例的逻辑封装起来，使得用户不需要手工执行这个实例化流程，而且用户也无法干预这个流程，他们只需要在现有的实例上克隆就行了。

3.6.2　该模式在 JDK 中的运用

JDK 里有好多地方都出现了原型模式。Java 集合框架中的一些类型实现了 Cloneable 接口，于是就继承了该接口所定义的 clone 方法。你可以在这些类型的实例上调用该方法来克隆出新的实例。例如，你可以通过在某个 ArrayList 上调用 clone() 方法来创建它的浅拷贝，拷贝出来的这个 ArrayList 的每个元素的值均与原来的 ArrayList 相同，但你可以修改后者的内容，而不影响前者相应位置上的元素值。还有一个出现原型模式的地方是 Calendar 类，它位于java.base模块的java.util包中。另外，Calendar类在实现其中的某些方法时，也利用该模式来简化实现代码，这样它就不用在现有对象上进行修改，而是可以在克隆出来的对象上进行运算。例如，这个类在实现它的getActualMinimum与getActualMaximum方法时就是这么做的。

3.6.3 范例代码

在研发某一款产品的过程中，我们可能会从少数几个产品出发，不断调整这些产品的内部属性，从而令产品达到较好的状态。在这种情况下，没必要针对每一种属性组合都设计一个工厂类或建造者类，那样会让类的数量变得比较多。还是以车辆为例，例如，我们正处在早期研发阶段，所以想反复调整每一种车型的配置，于是，我们需要方便地获取该车型的实例，以便对实例的各个属性做出调整，但同时我们又要求调整之后的实例应该与调整之前的实例具有不同的身份，以便追踪管理。假如我们是在同一个实例上做调整的，就无法分别管理调整之后与调整之前的车辆。为了应对这一问题，可以考虑用原型模式来克隆新的实例（参见图3.5和范例3.13）。

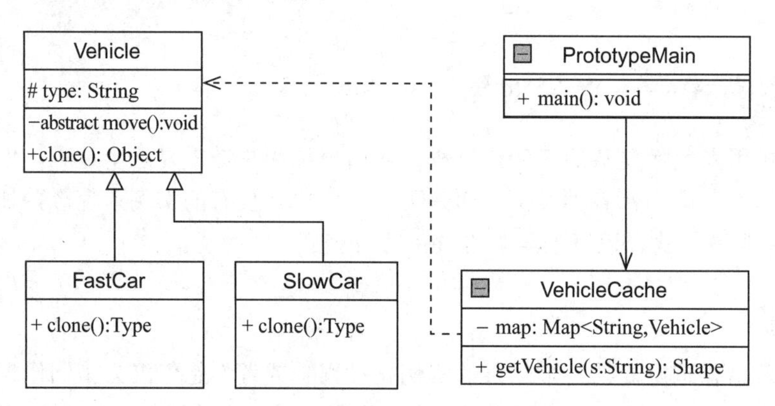

图3.5 用原型模式克隆新的实例

运用原型模式很容易就可以把某辆车当成原型，克隆出一辆各个属性与之完全相同的车。

范例3.13 原型模式让用户能够从现有的实例中克隆新的实例

```
public static void main(String[] args) {
    Vehicle fastCar1 = VehicleCache.getVehicle("fast-car");
    Vehicle fastCar2 = VehicleCache.getVehicle("fast-car");
    fastCar1.move();
    fastCar2.move();
    System.out.println("equals : " + (fastCar1
        .equals(fastCar2)));
}
```

程序输出结果如下：

```
Pattern Prototype: vehicle prototype 1
fast car, move
fast car, move
equals : false
fastCar1:FastCar@659e0bfd
fastCar2:FastCar@2a139a55
```

原型模式令用户能够根据需要来重制（也就是克隆）现有的实例。在本例中，我们设计一个抽象类作为每一种具体产品的基础，而且让这个类实现 Cloneable 接口并覆写 Object 类的 clone 方法，我们会在这个方法里写出详细的克隆过程，如果子类的克隆过程没有需要调整的地方，那么直接沿用本类的 clone 方法即可（参见范例 3.14）。

范例 3.14　作为各产品基类的 Vehicle 抽象类必须实现 Cloneable 接口并覆写 clone 方法，这样用户才能通过调用 clone 方法来克隆 Vehicle 实例

```
abstract class Vehicle implements Cloneable{
    protected final String type;

    Vehicle(String t){
        this.type = t;
    }

    abstract void move();

    @Override
    protected Object clone() {
        Object clone = null;
        try{
        clone = super.clone();
        } catch (CloneNotSupportedException e){...}
        return clone;
    }
}
```

每一种具体的车辆实现都需要扩展父类 Vehicle（参见范例 3.15）。

范例 3.15　每一种具体的车辆类（例如，这里的 SlowCar 类）必须扩展作为所有车辆基础的那个类（也就是 Vehicle 类），并为其中的抽象方法（例如，move 方法）提供实现代码

```
class SlowCar extends Vehicle {
    SlowCar(){
        super("slow car");
    }
    @Override
    void move() {...}
}
```

在我们设计的这个原型模式方案中，作为原型的这些 Vehicle 型实例都放置在一个内部的缓存区（也就是map）里。这样的话，我们可以提供一个静态方法，让用户先通过这个方法从缓存中获取某个原型，然后再进行克隆。由于缓存区与静态方法所在的VehicleCache类是个纯粹的工具类，没有实例级别的状态，因此我们将它的构造器设置为private，以防止其他代码创建该类的实例（参见范例3.16）。

范例3.16 设计一个工具类，并在其中开设内部缓存区，将一些预先制备好的原型放在里面，同时提供一个静态方法，让用户获取这些原型

```
final class VehicleCache {
private static final Map<String, Vehicle> map =
    Map.of("fast-car", new FastCar(), "slow-car", new
        SlowCar());

private VehicleCache(){}
    static Vehicle getVehicle(String type){
        Vehicle vehicle = map.get(type);
        if(vehicle == null) throw
        new     IllegalArgumentException("not allowed:" +
            type);
        return (Vehicle) vehicle.clone();
    }
}
```

通过这个例子，大家看到，用户能够从现有的某个原型出发获取该原型的一个复制品。然后，用户可以根据需求在这个复制品上做出调整，由于克隆出来的复制品与作为基板的原型是身份不同的实例，所以这些调整不会影响原型本身。

3.6.4 模式小结

原型模式适合用来实现动态加载，也适合用来降低代码的复杂度。假如不使用这个模式，那么你可能要实现多个工厂子类，以创建不同类型的实例或创建配置有所区别的同类型实例，这样会导致代码里出现一些不必要的抽象。当然，原型模式本身也要实现接口（即Cloneable接口），但这样做让我们可以把克隆的详细过程封装在clone方法里，而不将这个过程公布给用户。他们只需要调用clone方法来克隆新的实例，不需要自己手动执行复杂的实例化过程。使用原型模式意味着用户不应该而且也不能够干预这个复杂的实例创建过程。如果你面对的是一套遗留代码，那么创建实例的过程可能会频繁变动。若能适当运用该模式，则可将这些变动局限在一定范围内，即便你对实例化过程做出多次调整，也不会让其他代码受到太大影响。

然而有些时候，我们并不想让某种对象出现多个实例，或者根本不允许出现这样的情况。下一节将会介绍一种模式，用来确保某个类在程序运行期间只存在唯一的实例。

3.7 单例模式——确保某个类只存在一个实例

单例模式能够确保某个类只有唯一的实例，并且让用户能够从任何地方便利地访问到该实例。这个模式很早就在业界使用了，而且也是 GoF 设计模式之中的一种。

3.7.1 动机

对于用户或应用程序来说，某些类在程序运行的时候只应该有唯一的实例。假如不这样限制，那么开发者可能会在无意间创建出该类的多个实例，但这些实例所使用的其实是同一个资源，并且该资源只有一个。由于这些实例都在使用这个资源，因此可能导致程序不够稳定。单例模式能够保证某个类在当前运行的虚拟机里只有唯一的实例，并提供一个入口点，让开发者由此获取这个实例。

3.7.2 该模式在 JDK 中的运用

JDK 里最经典的一种单例就是 Java 应用程序本身，更为准确地说，是正在运行着的这个 Java 应用程序所处的运行环境。这个单例类是 Runtime 类，你可以通过它的 getRuntime 方法获取单例，该类位于 java.base 模块的 java.lang 包里。getRuntime 方法返回一个与当前的 Java 应用程序相关联的对象。得到这个对象之后，用户可以在其上执行一些操作，例如，可以添加关闭挂钩（shutdown hook），以便在虚拟机关闭的时候触发。

3.7.3 范例代码

我们举一个例子，假设某种车只有一辆，它里面有唯一的发动机（参见图 3.6）。

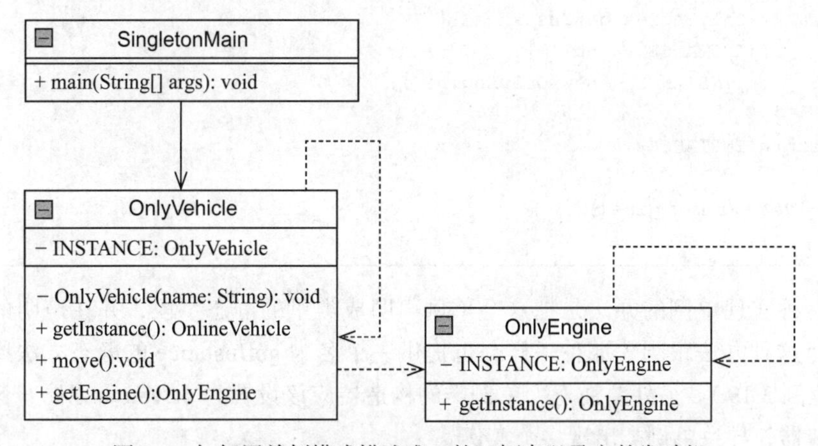

图 3.6 如何用单例模式描述唯一的一辆车以及它的发动机

这个例子意味着某一种特定的车辆，以及该车辆的发动机在 JVM 里只有唯一的实例（参见范例 3.17）。

范例 3.17　OnlyEngine 类与 OnlyCar 类在程序运行期间都分别只有唯一的一个实例

```
public static void main(String[] args) {
    System.out.println("Singleton pattern: only one
        engine");
    var engine = OnlyEngine.getInstance();
    var vehicle = OnlyVehicle.getInstance();
    vehicle.move();
    System.out.println("""
        OnlyEngine:'%s', equals with vehicle:'%s'"""
        .formatted(engine, (vehicle.getEngine()
            .equals(engine))));
}
```

程序输出结果如下：

```
Pattern Singleton: only one engine
OnlyVehicle, move
OnlyEngine:'OnlyEngine@7e9e5f8a', equals with
    vehicle:'true'
```

有好几种办法可以确保某个类只有一个实例。下面这个 OnlyEngine 类采用的是惰性初始化方式，它会在真正需要用到实例的时候，再去创建这个实例（参见范例 3.18）。OnlyEngine 类实现了通用的 Engine 接口。它提供一个静态的 getInstance 方法，让用户通过该方法获取单例。

范例 3.18　OnlyEngine 类采用惰性初始化方式来实现单例模式

```
interface Engine {}
class OnlyEngine implements Engine {
    private static OnlyEngine INSTANCE;
    static OnlyEngine getInstance(){
        if(INSTANCE == null){
            INSTANCE = new OnlyEngine();
        }
    return INSTANCE;
    }
    private OnlyEngine(){}
}
```

还有一种实现单例的办法是把这个单例声明成类里的静态字段，并在声明的时候就进行初始化。这种办法跟刚才那种一样，也提供一个名为 getInstance 的静态方法给用户去调用（参见范例 3.19）。另外要注意，单例类的构造器应该设置为 private，以防止其他代码调用这个构造器，导致单例类出现多个实例。

范例 3.19　OnlyVehicle 类采用声明静态字段并初始化的方式来实现单例模式

```
class OnlyVehicle {
    private static OnlyVehicle INSTANCE = new
```

```
        OnlyVehicle();
    static OnlyVehicle getInstance(){
        return INSTANCE;
    }
    private OnlyVehicle(){
        this.engine = OnlyEngine.getInstance();
    }
    private final Engine engine;
    void move(){
        System.out.println("OnlyVehicle, move");
    }
    Engine getEngine(){
        return engine;
    }
}
```

用惰性初始化方式实现单例模式在多线程环境下可能会出问题，因为你必须设法对提供单例的 getInstance 方法做出适当的同步，以防止多个线程分别创建出不同的实例。为了解决这个问题，可以考虑把单例类设计成枚举类，也就是 enum 类，并把单例声明成这个枚举类的唯一枚举常量（参见范例 3.20）。

范例 3.20　OnlyEngineEnum 类采用枚举类来实现单例模式

```
enum OnlyEngineEnum implements Engine {
    INSTANCE;
    }
    ...
    private OnlyVehicle(){
    this.engine = OnlyEngineEnum.INSTANCE;
}
...
```

3.7.4　模式小结

单例模式是一种相对来说比较简单的设计模式，只有在多线程的环境下才会因为防止这些线程分别创建出不同的实例而变得稍微有点复杂。单例类不太容易坚持单一责任原则（SRP），因为它既要确保自己只有一个实例，又要负责初始化这个实例。同时担负这两个职责也是有好处的，因为这样能够确保用户访问到的是唯一的这一个资源，而且能够防止用户无意间初始化该类的其他实例，或者无意间让该类的实例遭到回收。单例模式必须审慎地使用，因为单例类会把初始化单例的这部分代码与本类紧密耦合起来，这可能会导致你很难分别测试这部分代码与单例类的其他代码。另外，单例模式还意味着单例类本身不应该有子类，这让我们很难对单例类进行扩展。

现在介绍的这几种模式都涉及创建新的实例，但有的时候可以先考虑复用现有的实例，下一节介绍的模式就是用来实现这样的效果。

3.8 对象池模式——提高性能

对象池模式会预先准备一些实例，这样的话，等到用户需要使用实例的时候，程序就不用再费时间去创建了，而是可以把现成的实例直接提供给用户。在这次使用完毕之后，这些实例还能够在下次进行复用。设计者可以通过对象池来规定程序应该在什么样的情况下（或者只能在什么样的情况下）创建新的对象。

3.8.1 动机

对象池模式会把预先初始化好的对象反复提供给用户使用，而不是等用户每次要用的时候再去创建新的对象。该模式把影响程序性能的初始化事务封装起来管理，不让这些事务散布到其他代码中。对象池模式能够将构建对象的逻辑从业务代码中剥离，令设计者可以更好地管理与某种对象的创建操作有关的资源及性能问题。对象池不仅有助于我们管理对象的生命期，而且能让我们在创建及销毁（或者返还）对象的时候做一些验证。

3.8.2 该模式在 JDK 中的运用

JDK 里有个经典的对象池模式，即 java.util.concurrent 包中的 ExecutorService 接口，以及 Executors 工具类中提供这种 ExecutorService 实例的相关方法（例如，newScheduledThreadPool 方法）。

3.8.3 范例代码

我们举一个例子，假设车库里有一定数量的车可供驾驶者使用（参见图 3.7）。

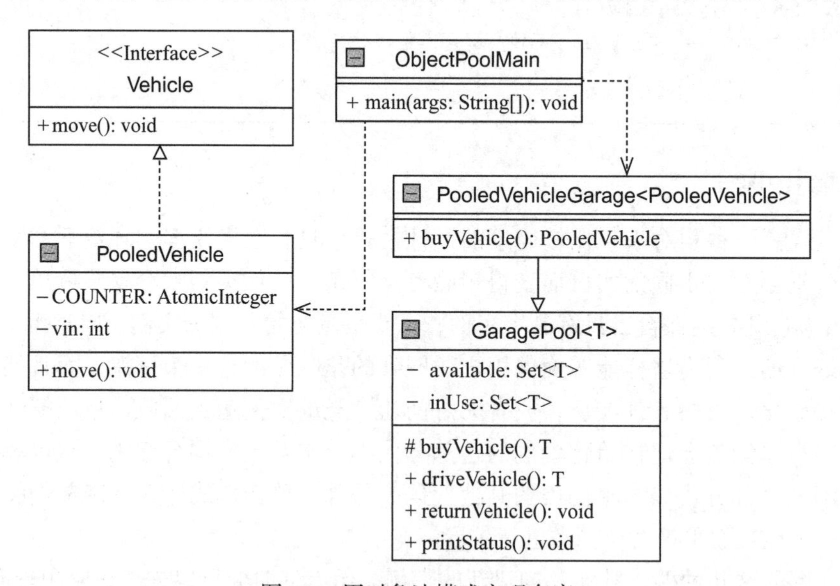

图 3.7 用对象池模式实现车库

如果要用车的时候，车库里已经没有可用的车了，那么采购一辆新车，让驾驶者有车可开（参见范例 3.21）。

范例 3.21 把闲置的车辆纳入车辆池，以提供给将来要用车的人，这样无须每次都购买新车

```
public static void main(String[] args) {
    var garage = new PooledVehicleGarage();
    var vehicle1 = garage.driveVehicle();
    ...
    vehicle1.move();
    vehicle2.move();
    vehicle3.move();
    garage.returnVehicle(vehicle1);
    garage.returnVehicle(vehicle3);
    garage.printStatus();
    var vehicle4 = garage.driveVehicle();
    var vehicle5 = garage.driveVehicle();
    vehicle4.move();
    vehicle5.move();
    garage.printStatus();
}
```

程序输出结果如下：

```
Pattern Object Pool: vehicle garage
PooledVehicle, move, vin=1
PooledVehicle, move, vin=2
PooledVehicle, move, vin=3
returned vehicle, vin:1
returned vehicle, vin:3
Garage Pool vehicles available=2[[3, 1]] inUse=1[[2]]
PooledVehicle, move, vin=3
PooledVehicle, move, vin=1
Garage Pool vehicles available=0[[]] inUse=3[[3, 2, 1]]
```

对象池模式的关键是要把对象池抽象出来，因为管理各个实体的工作全都要放在这里完成。一种做法是设计一个抽象类来表示对象池（参见范例 3.22），并且对这个类中的所有代码都进行适当的同步。这样的对象池在多线程环境下依然能够稳定而协调地运作。

范例 3.22 设计一个抽象类以充当对象池的基类，并在其中正确地编写对象管理代码

```
abstract class AbstractGaragePool<T extends Vehicle> {
    private final Set<T> available = new HashSet<>();
    private final Set<T> inUse = new HashSet<>();
    protected abstract T buyVehicle();
    synchronized T driveVehicle() {
        if (available.isEmpty()) {
            available.add(buyVehicle());
        }
```

```
        var instance = available.iterator().next();
        available.remove(instance);
        inUse.add(instance);
        return instance;
    }
    synchronized void returnVehicle(T instance) {...}
    void printStatus() {...}
}
```

这个抽象的对象池类限定了它所能管理的对象。我们规定，它管理的对象类型必须是 Vehicle（参见范例 3.23）或它的子类型。我们把用户需要使用的常见功能定义在 Vehicle 接口中。具体的对象池类必须扩展我们这个抽象的对象池（也就是 AbstractGaragePool），并为其中的抽象方法编写代码，以创建某种具体的 Vehicle。

范例 3.23 定义一种接口以描述对象池所管理的对象，受到管理的某种具体对象必须实现该接口

```
interface Vehicle {
    int getVin();
    void move();
}
```

具体的对象所在的类除了实现刚才定义的接口，还可以设立一个私有的计数器（参见范例 3.24）。这个计数器是类级别的，而不是实例级别的，所以我们将其设置为 static。另外，我们不需要让其他计数器取代该计数器，所以我们还将其标注为 final。设立这个计数器是为了追踪车库总共购买了多少辆这样的车。

范例 3.24 PooledVehicle 类实现了产品接口并用计数器来追踪已经创建出的实例数量

```
class PooledVehicle implements Vehicle{
    private static final AtomicInteger COUNTER = new
        AtomicInteger();

    private final int vin;
    PooledVehicle() {
        this.vin = COUNTER.incrementAndGet();
    }

    @Override
    public int getVin(){...}

    @Override
    public void move(){..}
}
```

3.8.4 模式小结

由范例 3.21 可以看出，对象池模式让程序能够更为迅速地满足用户获取实例的需求。

如果这些实例的生存期都比较短，那么这个模式尤其有用。这是因为采用该模式之后，我们就可以把用完的对象暂存起来，以便在用户下次需要使用时重新提供出来，而不需要每次都创建新的对象，那样会导致对象的数量失控并让内存里出现许多碎片（也就是出现多个不连续的小块空闲区域）。另外，通过范例 3.21，大家还看到了如何在对象池里实现一套缓存机制，以暂存那些随时可以取用的对象。

这个模式从逻辑上说很有效率，然而要想实际发挥出这样的优势，必须选择合适的数据结构来存放这些对象，因为这对于该模式的运作效率影响很大。选对了数据结构可以大幅缩减搜索与存储对象所需的时间。

对象池模式还会带来一个好处，就是能够让收集垃圾以及压缩内存的流程执行得更快一些。因为该模式会尽量复用现有的对象，而不是去创建新的对象，这使得程序里的对象数量比较少，所以 Java 系统分析这些对象也会比较快。

有时我们并不需要提前制备一些对象并将其暂存起来，以供稍后使用，而是可以把初始化对象的操作推迟到真正需要用到该对象的那一刻，这样还能减少程序刚开始所占用的内存量。

3.9　惰性初始化模式——按需初始化对象

这个模式是把实例的初始化时机推迟到真正需要用到该类实例的时候。

3.9.1　动机

虽然这些年计算机能够使用的内存数量一直在增加，但 JVM 给放置对象的堆区域所预留的内存空间依然是有一定大小的，这个大小未必能够达到计算机的内存总量。如果堆已经满了，那么 JVM 就无法继续分配新的对象，这会导致程序由于内存耗尽而出错。惰性初始化模式能够很好地解决堆空间占用量过多的问题。这个模式有时称为异步加载（asynchronous loading），因为它不是在程序启动的时候就把对象加载进来，而是等真正用到的时候再去加载。该模式对于网络应用程序很有用，因为我们不想在程序初始化的过程中生成网页，而是想根据用户的需求来生成。另外，如果某程序操纵相关对象的开销比较大，那么在这种程序里使用惰性初始化模式也很有意义。

3.9.2　该模式在 JDK 中的运用

某些类并不是在程序刚刚启动的时候链接的，这些类的 ClassLoader 采用的就是惰性初始化模式。至于哪些类应该积极初始化，哪些类应该惰性初始化，要看相关的策略。例如，ClassNotFoundException 类必须随着 java.base 模块默认加载。Java 需要通过这些类来支持 java.lang 包里的一些类以及 Class 类里用来加载类的 forName 方法。该方法通过调用内部 API 来实现类的加载操作，为了正确实现加载，Java 必须先把 ClassNotFoundException 这样一些必备的类提前加载好。假如这些应该提前准备好的类也采用惰性初始化的方式加载，那么程序可能就需要较长的预热时间。这是因为它总是发现自己需要的某个类还没有加载，于是必须先停下来去加载那个类。例如，枚举类就是一种特殊的类，这样的类默认是静态类，而且很多都是 final 类，这种类的实例需要像常量那样运作，因此应该进行积极初始化（也就是提前载入）。

类加载器（class loader）加载某个类并将其内容置入方法区的步骤参见第 2 章。

3.9.3 范例代码

惰性初始化示例的基本思想是，如果用户需要使用某辆车的时候还没有这样的车，那么把它创建出来；若是已经有了，则将之前创建好的车辆对象通过引用提供给用户（参见图 3.8）。

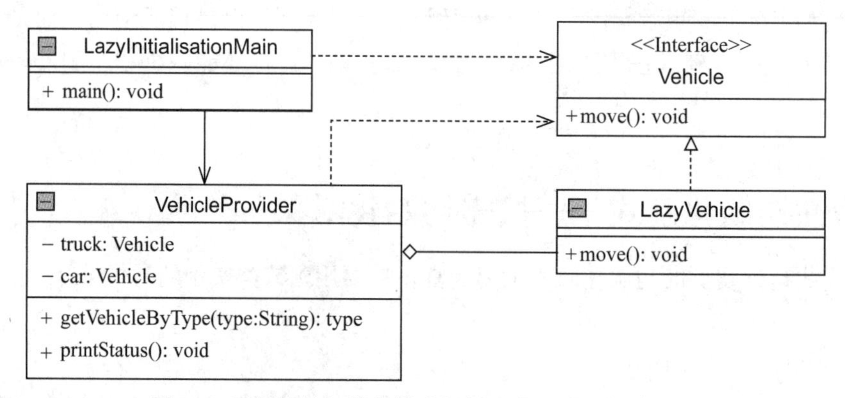

图 3.8 运用惰性初始化模式根据用户的需要创建车辆

只有在用户真正需要用到某辆车的时候，我们的 VehicleProvider 才会创建这辆车，并确保相关的实例存在于程序中。以后如果用户还请求使用这辆车，那么直接将 VehicleProvider 之前已经创建好的车辆提供出来即可（参见范例 3.25）。

范例 3.25 举例说明如何根据用户的需求推迟车辆的创建时机

```
public static void main(String[] args) {
    System.out.println("Pattern Lazy Initialization: lazy
        vehicles");
    var vehicleProvider = new VehicleProvider();
    var truck1 = vehicleProvider.getVehicleByType("truck");
    vehicleProvider.printStatus();
    truck1.move();
    var car1 = vehicleProvider.getVehicleByType("car");
    var car2 = vehicleProvider.getVehicleByType("car");
    vehicleProvider.printStatus();
    car1.move();
    car2.move();
    System.out.println("ca1==car2: " + (car1.equals
```

```
        (car2)));
}
```

程序输出结果如下：

```
Pattern Lazy Initialization: lazy vehicles
lazy truck created
status, truck:LazyVehicle[type=truck]
status, car:null
LazyVehicle, move, type:truck
lazy car created
status, truck:LazyVehicle[type=truck]
status, car:LazyVehicle[type=car]
LazyVehicle, move, type:car
LazyVehicle, move, type:car
ca1==car2: true
```

实现 VehicleProvider 类的时候，可以把它的两个字段设置为 private。这些字段会根据需要，指向我们以惰性初始化的方式创建出的相关车辆。我们把判断应该提供哪种车辆，以及是否需要在提供之前先创建该车辆的逻辑给封装到方法里。这个方法可以像范例 3.26 这样采用 switch 结构来写，也可以通过新式的 switch 表达式或其他一些方式来写。另外应该指出，范例程序需要创建 VehicleProvider 类的一个实例，但这个实例只应该在当前的包中创建，因此我们把 VehicleProvider 的构造器设置为包私有级别（也就是既不加 public 或 protected，也不加 private 修饰符），这样的话，其他包就无法调用它了。

范例 3.26　VehicleProvider 类把在必要时初始化相关实例的逻辑隐藏起来，不让用户看到

```
final class VehicleProvider {
    private Vehicle truck;
    private Vehicle car;
    VehicleProvider() {}
    Vehicle getVehicleByType(String type){
        switch(type){
        case "car":
            ...
            return car;
        case "truck":
            if(truck == null){
                System.out.println("lazy truck created");
                truck = new LazyVehicle(type);
            }
            return truck;
        default:
            ...
    }
    void printStatus(){...}
}
```

为了让这种能够惰性初始化的车辆以后比较容易扩展一些，我们抽象出一个表示车辆的 Vehicle 接口，让用户通过这个接口操纵车辆，同时让这些以惰性初始化的形式创建出的车辆实现该接口（参见范例 3.27）。

范例 3.27 把车辆抽象成 Vehicle 接口，让这些以惰性初始化的方式创建的车辆实现该接口，我们将这样的车辆设计成记录类（record class），以便确保其内容不发生变化

```
interface Vehicle {
    void move();
}

record LazyVehicle(String type) implements Vehicle{
    @Override
    public void move() {
        System.out.println("LazyVehicle, move, type:" +
            type);
    }
}
```

抽象出 Vehicle 接口，让我们将来能够轻松修改这些以惰性初始化方式创建的车辆，同时又不会让使用这些车辆的那部分代码受到影响。

3.9.4 模式小结

惰性初始化模式能够让程序的内存占用量处于低位。但如果在不该使用这个模式的时候使用它，那么有可能造成不必要的延迟，令应用程序在运行过程中必须花费大量时间临时准备一些创建起来比较复杂的对象。

下一节将以创建新车为例，讲解怎样把用户端所要依赖的东西注入它，而不是让客户端自己构建。

3.10 依赖注入模式——减少类之间的依赖关系

这个模式让类的初始化逻辑与使用逻辑相分离，它将前者视为服务提供方，并将后者视为该服务的客户端。

3.10.1 动机

如果想把某种对象的实现办法与使用逻辑分隔开，那么通常会考虑采用依赖注入模式。在该模式下，可以设计一种作为服务（service）提供方的对象，让程序通过该对象所公布的方法来构建我们需要的对象，也就是客户端对象。我们会确保程序需要创建客户端对象的时候总是有服务可供使用。这个模式能够消除那种以硬代码的形式所表达的依赖关系。

服务本身的实例化过程与创建客户端对象的过程是分开的。这意味着，这两个流程联系得较为松散，因而有助于我们确保SOLID原则。具体来说，有如下三种办法能够实现依赖注入：

- **通过构造器注入依赖**：把创建客户端对象时需要用到的服务通过构造器传进来，让客户端的代码使用这些服务来初始化自己。
- **通过方法注入依赖**：让客户端实现某种接口，并通过该接口公布一套方法。接口中的每一个方法都用来把客户端所要依赖的某项服务提供给这个客户端对象。这样的话，程序就可以通过调用接口中的相关方法把相应的服务传进去（或者说，注射进去）。
- **通过字段注入依赖**：采用这种方式注入依赖关系有点像我们通过setup方法来配置对象中的各个字段。客户端对象会提供一系列setter方法，让我们可以通过相应的setter方法把相关的服务设置给该对象中的某个字段。另外，我们也可以不提供setter方法，而是直接将字段公布为public属性，让其他代码设置该属性。

3.10.2　该模式在JDK中的运用

JDK里使用依赖注入模式的经典例子是ServiceLoader工具类。该类位于java.base模块的java.util包中。ServiceLoader能够在应用程序启动时尝试寻找服务。这里所说的服务是用一套接口来表示的，可能存在一个或多个实现了该接口的服务提供者（service provider）。应用程序的代码在启动时能够通过ServiceLoader类提供的一些手段，区分这些服务提供者，看看它们提供的是不是自己想要的服务。另外应该指出，ServiceLoader能够采用经典的classpath方式寻找服务提供者，同时也支持新式的模块机制（参见第2章）。

以前，依赖注入是Java EE的一部分，并未处在经典的JDK中。这意味着，当时这个特性需要在Java EE平台上使用。在后来的Java发展过程中，依赖注入特性移到了`Jakarta Dependency Injection`项目里。这是一个新成立的项目，有自己的发行与开发周期，不跟JDK同步。虽说依赖注入特性已经从早前的Java EE进入单独的Jakarta EE中，但当年的一些用法（例如，@Inject、@Named、@Scope或@Qualifier等注解），依然为很多人所熟知。这些注解能够让某个类的对象成为运行时的托管对象，从而令服务提供者能够区分需要多个依赖注入的同类型客户端。

3.10.3　范例代码

我们用一个简单的例子来演示依赖注入模式，即想让各种不同的车辆都能够用相同的手段获得自己的发动机。这个例子实现起来很简单，它相当于把刚才说的那个API在后台的运作方式给重现了一遍。下面我们就来看看如何让某种车辆通过该模式获得需要装配在它上面的发动机（参见图3.9）。

有了该模式，我们就能把创建某种发动机的逻辑与使用这种发动机来装配车辆的逻辑给分隔开（参见范例3.28）。

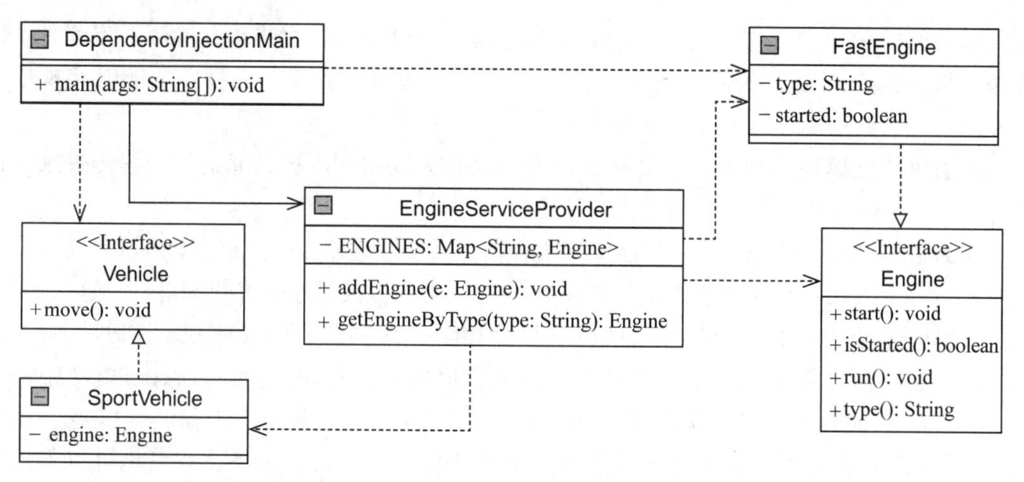

图 3.9 采用服务的形式将某种发动机注入需要装配这种发动机的车辆实例

范例 3.28 把创建 FastEngine 发动机实例的逻辑与稍后使用这种发动机来装配 SportVehicle 车辆的逻辑给分隔开

```
1 public static void main(String[] args) {
2     System.out.println("Pattern Dependency Injection:
          vehicle and engine");
3     EngineServiceProvider.addEngine(new FastEngine
          ("sport"));
4     Engine engine =
        EngineServiceProvider.getEngineByType("sport");
5     Vehicle vehicle = new SportVehicle(engine);
6     vehicle.move();
7 }
```

程序输出结果如下：

```
Pattern Dependency Injection: vehicle and engine
FastEngine, started
FastEngine, run
SportCar, move
```

在程序需要使用 FastEngine 发动机的时候，它必然处在完全就绪的状态（例如，它肯定已经启动并且经过验证了）。这样设计可以让构造车辆实例的代码不需要依赖构造发动机的代码，因为发动机会由 EngineServiceProvider 提供给 SportVehicle 对象，而不需要由这个对象自己去制造（参见范例 3.29）。

范例 3.29 EngineServiceProvider 把已经实例化完毕并且可供复用的发动机对象提供给客户端使用

```
final class EngineServiceProvider {
    private static final Map<String, Engine> ENGINES = new
        HashMap<>();
    ...
```

```
    static Engine getEngineByType(String t){
        return ENGINES.values().stream()
                .filter(e -> e.type().equals(t))
                .findFirst().orElseThrow
                    (IllegalArgumentException::new);
    }
}
```

我们用具体的车辆类 SportVehicle 来实现表示车辆的 Vehicle 接口（参见范例 3.30），这样做有助于保证开闭原则（OCP），既让车辆的功能可以为具体的车辆类所定制，又让使用这些功能的代码无须频繁变动，这条原则是 SOLID 原则的一部分。

范例 3.30　具体的车辆类 SportVehicle 实现了通用的车辆接口 Vehicle，而且编写了一些内部逻辑，以便正确地使用外界提供给它的 Engine 型发动机实例

```
interface Vehicle {
    void move();
}
class SportVehicle implements Vehicle{
    private final Engine engine;
    SportVehicle(Engine e) {...}
    @Override
    public void move() {
        if(!engine.isStarted()){
            engine.start();
        }
        engine.run();
        System.out.println("SportCar, move");
    }
}
```

一定要注意，对于某种具体的发动机（例如，范例 3.31 的 FastEngine），程序会在某个地方创建出它的实例（参见范例 3.28 的第 3 行代码），而当程序要用这个实例来建立某种具体车辆（例如，SportVehicle）的对象时（参见范例 3.28 的第 5 行代码），我们必须设法保证该实例是存在的，也就是要设法保证程序此时确实能够获得这样一个实例。

范例 3.31　定义一种表示发动机的通用 Engine 接口，并让 FastEngine 等类实现该接口，程序中的 EngineServiceProvider 能够把 Engine 类型的实例提供给客户使用

```
interface Engine {
    void start();
    boolean isStarted();
    void run();
    String type();
}
class FastEngine implements Engine{
    private final String type;
```

```
    private boolean started;
    FastEngine(String type) {
        this.type = type;
    }
    ...
}
```

这个例子中的关键对象是EngineServiceProvider。它持有一些引用，这些引用指向已经创建好的一些Engine实例，EngineServiceProvider会通过这些引用，向业务代码分发Engine实例。这意味着，只要客户代码想使用某个Engine（例如，使用FastEngine来创建SportVehicle对象），就可以向EngineServiceProvider索要正确的Engine实例，而不必自己去创建该实例。

我们这个例子是自己编写EngineServiceProvider并让它来提供Engine服务的，但我们也可以改用Java内置的ServiceProvider机制提供该服务。只需要修改少量代码，就能实现这种效果（参见范例3.32）。

范例3.32 通过ServiceProvider机制把实现了Engine接口的某些类型的实例提供给客户端代码，令其能够采用这样的实例创建SportVehicle对象

```
public static void main(String[] args) {
    System.out.println("Pattern Dependency Injection
       ServiceLoader: vehicle and engine");
    ServiceLoader<Engine> engineService =
        ServiceLoader.load(Engine.class);
    Engine engine = engineService.findFirst()
        .orElseThrow();
    Vehicle vehicle = new SportVehicle(engine);
    vehicle.move();
}
```

前面说过，ServiceProvider支持两种发现服务的方式，传统的方式是采用类路径来查找服务，如果使用这种方式，那么必须在META-INF文件夹的services子文件夹里用一个文件把ServiceProvider所能提供的某种服务（例如，这里的Engine服务）以及负责提供该服务的具体类型（例如，范例代码中的EngineServiceLoader类型）注册上去。这个文件的名称由包的名称与服务接口的名称构成，它里面的内容是分行书写的，每一行都表示一种能够提供该服务的类型。

如果用新式的模块来查找服务，那么步骤就比较简单了。我们只需声明相应的模块能够（通过某种已经实现好了的类型）提供某种服务给目标模块，并让目标模块使用这种服务就好（参见第2章）。

3.10.4 模式小结

依赖注入模式让客户端代码无须关注自己使用的服务是如何创建出来的。客户端只需通过一套接口来访问这种服务即可。这样能让代码更易于接受测试，让测试工作变得简单。有许多框架都使用依赖注入模式，例如，Spring 与 Quarkus。其中，Quarkus 是根据 Jakarta Dependency Injection 规范做依赖注入的。这个模式遵循 SOLID 原则以及面向对象编程的 APIE 原则，它把服务抽象成接口。于是，客户端代码就不用与实现该接口的那些具体类型打交道了，而是只需要通过这个接口来使用服务。另外，该模式还强化了 DRY 原则，因为它把创建服务的代码都放在一个地方，让我们无须在每次使用服务之前都将这个服务手动创建一遍。

3.11 小结

创建型设计模式在软件设计工作中相当重要。这些模式让我们能够在遵循面向对象原则的前提下，把对象的实例化逻辑方便地集中到某个地方。本章在讲解这些模式的过程中提到某些模式会有许多种实现方式。这是因为软件设计师在实现某个模式的时候，可能还要考虑其他一些架构方面的因素。例如，要考虑某种实现方案如何使用 JVM 的堆与栈，要考虑该方案对程序运行效果的影响，还要考虑是否便于封装业务逻辑等因素。

用这些设计模式编写程序会自动确保 DRY 原则，这对程序开发很有帮助，而且能够让代码变得更加干净。这样写出来的程序很容易测试，使得软件架构师能够方便地确认程序所需的对象确实位于 JVM 中。这很有意义，因为它可以帮我们找出某个逻辑问题的根源，例如，让我们知道程序为什么抛出异常，或者为什么没有产生想要的结果。如果你善于运用设计模式来编写代码，那么很快就能找到问题的根源，有时甚至无须启用调试模式就能排查出来。

这一章讲了好几个模式，其中，工厂方法模式能够向用户提供某一系列的对象，同时把这些对象的创建逻辑封装起来。如果不同的对象需要用不同的工厂来创建，那么可以考虑采用抽象工厂模式。有的时候，用户无法将创建某个对象所需的信息全都收集到，于是我们可以采用建造者模式，让用户能够分步骤地创建复杂的对象。在有些情况下，我们不想让用户知道某个对象的实例化逻辑，这时可以考虑运用原型模式，让用户只能通过克隆现有的原型来获取新实例，而不能手动创建这样的实例。如果我们想确保某个类型的实例在程序运行期间只有唯一的一个，那么可以运用单例模式。对象池模式能够帮助我们降低程序的内存占用量，惰性初始化模式能够把对象的创建时机推迟到真正需要用到该对象的那一刻。最后我们通过依赖注入模式演示了如何复用现有的服务资源，并将这些资源提供给客户端代码，让客户端无须反复创建服务。

创建型设计模式不仅能让我们更加清晰地创建新的实例，而且在许多场合还能帮助我们看出如何更好地安排代码结构（也就是让代码的结构与我们要实现的业务逻辑更加契合）。本章的最后三种模式不仅解决了对象的创建问题，而且还促进了对象的复用，让程序能更有效地使用内存。通过本章的范例代码，大家应该能够看到这些创建型设计模式是怎么实现的，并且了解它们之间的区别以及每一种模式的目标。

下一章将讲解结构型设计模式。这些模式能够帮助我们在面对各种常见的需求时，更好地调整代码结构。

3.12 习题

1. 创建型设计模式要解决的是什么问题？
2. 哪几种设计模式能够降低对象的初始化开销？
3. 促使我们使用单例模式的关键原因是什么？
4. 哪一种模式能够减少构造器污染（或者说，能够让我们不用再设计那么多个版本的重载构造器）？
5. 什么样的设计模式能够把复杂的实例化逻辑从客户端代码中隐藏起来？
6. 有没有一种设计模式能够缓解应用程序因为创建实例过多而占据大量内存的问题？
7. 哪一种设计模式有助于我们方便地管理某一系列对象（或者说，某一体系内的各类对象）的创建逻辑？

3.13 参考资料

- *Design Patterns: Elements of Reusable Object-Oriented Software* by Erich Gamma, Richard Helm, Ralph Johnson, and John Vlissides, Addison-Wesley, 1995
- *Design Principles and Design Patterns* by Robert C. Martin, Object Mentor, 2000
- *Cramming more components onto integrated circuits* by Gordon E. Moore, Electronics Magazine, 1965-04-19
- *Oracle Tutorials: Generics*: `https://docs.oracle.com/javase/tutorial/java/generics/index.html`
- *Quarkus Framework*: `https://quarkus.io/`
- *Spring Framework*: `https://spring.io/`
- *Jakarta Dependency Injection*: `https://jakarta.ee/specifications/dependency-injection/`
- *Clean Code* by Robert C. Martin, Pearson Education, Inc, 2009
- *Effective Java – Third Edition* by Joshua Bloch, Addison-Wesley, 2018

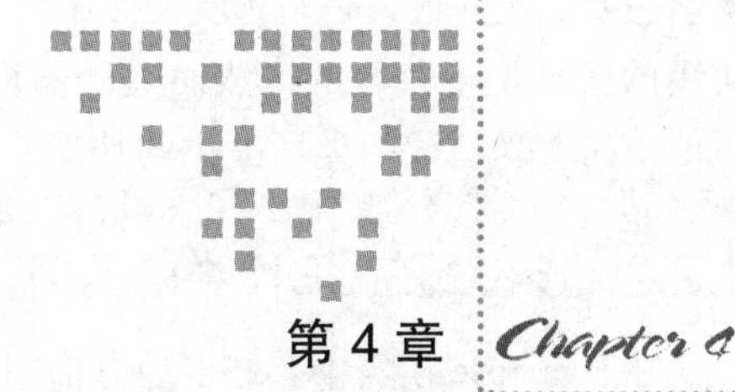

第 4 章 Chapter 4

结构型设计模式

每个软件都有它的目标，即都有为了满足需求而应该表现出的行为。上一章详细讲解了各种创建型的设计模式，本章我们要关注的是怎样用创建出来的这些对象设计出容易维护且较为灵活的代码。结构型设计模式能够让这些实例之间具有更清晰的关系，这有助于维护应用程序，也有助于我们更明确地理解程序的目标。

学完本章，你将能够很好地理解怎样用创建出的实例来安排代码的结构。

4.1 技术准备

本章的代码文件可以在本书的 GitHub 仓库里找到，网址为 `https://github.com/PacktPublishing/Practical-Design-Patterns-for-Java-Developers/tree/main/Chapter04`。

4.2 适配器模式——让不兼容的对象变得兼容

适配器模式的主要目标是把某种接口与用户想要使用的另一种接口联系起来，让前者（也就是来源接口）能够当成后者（也就是目标接口）使用。这个模式让那些本来因为扩展的基类或实现的接口不同而无法一起运作的类变得能够相互协作。这是一种极为重要的模式，也是经典的 GoF 设计模式之一。

4.2.1 动机

适配器模式也叫作**包装器**（wrapper）模式。适配器是把受适配的类（也就是插在这个适配器上面的那个类）所具备的行为给包裹起来，让用户无须修改该类的行为即可将其当作自己想要的类（也就是目标类）使用。一般来说，受适配的那个类所具备的接口与用户想要使用的接口是不兼容的，然而适配器模式能够让二者兼容起来，使得用户通过目标接口方便地访问由受适配的类所提供的功能。

4.2.2 该模式在 JDK 中的运用

在 java.base 模块中有好多地方都用到了适配器模式，其中，java.util 包里名为 Collections 的工具类提供了一个名为 list 的方法，该方法接受一个实现了 Enumeration 接口的对象并返回一个适配之后的 ArrayList，使得来源对象（也就是 Enumeration）能够当成目标对象（也就是 ArrayList）使用。

4.2.3 范例代码

适配器模式可以用多种方式实现。范例 4.1 演示了其中一种，我们用这样的方式把各种不同的发动机都适配成 Vehicle 所需要的发动机（参见范例 4.1）。

范例 4.1 虽然车辆的某些操作可以直接通过发动机的相关操作来完成，但也有一些操作不是这样，例如，它们的 refuel 方法，就需要根据发动机的具体类型来决定应该怎么加油

```
public static void main(String[] args) {
    System.out.println("Adapter Pattern: engines");
    var electricEngine = new ElectricEngine();
    var enginePetrol = new PetrolEngine();
    var vehicleElectric = new Vehicle(electricEngine);
    var vehiclePetrol = new Vehicle(enginePetrol);

    vehicleElectric.drive();
    vehicleElectric.refuel();
    vehiclePetrol.drive();
    vehiclePetrol.refuel();
}
```

程序输出结果如下：

```
Adapter Pattern: engines
...
Vehicle, stop
Vehicle needs recharge
ElectricEngine, check plug
ElectricEngine, recharging
...
Vehicle needs petrol
PetrolEngine, tank
```

这些发动机之间在功能上有相似之处，但并非完全相同。它们实际上是彼此不同的对象，无法完全按照同一套逻辑来运作，所以必须分别适配（参见图 4.1）。

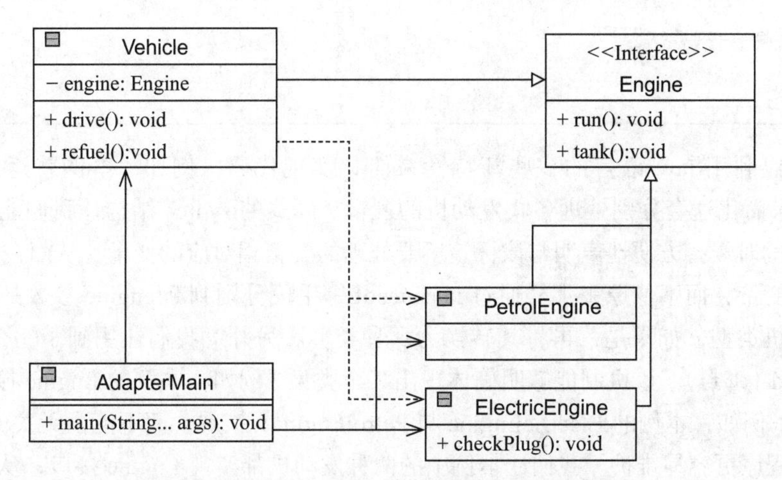

图 4.1 用 UML 类图演示发动机功能的不同

在这个例子里，Vehicle 类及其实例扮演了适配器的角色，这种适配器让不同类型的发动机都能够正确地执行车辆所应支持的一套方法。其中，对于 drive 这样的方法来说，无论车辆用的是哪种发动机，我们都只需要调用这个发动机的 run 方法，所以不用对各种发动机分别适配。但是 refuel 的方法则不然，为了正确实现这个方法，我们需要调用发动机的 tank 方法，可是每一种发动机需要用不同的流程执行这个方法，因此我们必须先知道发动机的具体类型，然后才能根据这个类型决定应该采用什么样的流程执行 tank 方法（参见范例 4.2）。

范例 4.2 Vehicle 类的 refuel 方法利用带有模式匹配功能的 switch 结构对各种不同的发动机进行适配，让它们都能正确地支持 refuel 方法

```
class Vehicle {
    private final Engine engine;

    ...

    void refuel(){
        System.out.println("Vehicle, stop");
        switch (engine){
            case ElectricEngine de -> {
                System.out.println("Vehicle needs diesel");
                de.checkPlug();
                de.tank();
            }
            case PetrolEngine pe -> {
                System.out.println("Vehicle needs petrol");
                pe.tank();
            }
            default -> throw new IllegalStateException
                ("Vehicle has no engine");
        }
```

```
        engine.tank();
    }
}
```

我们可以利用 Java 语言的一些新特性来简化实现代码，例如，本例就运用了新式的 switch 结构来简化这套分别处理各式发动机的逻辑。新式的 switch 结构让我们能够在书写每个 case 标签的时候，方便地声明与该标签所要处理的类型相对应的变量，从而在这个 case 分支里操纵该变量，而不像原来那样通过 instanceof 等手段分别判断 engine 参数是否属于某种具体的发动机类型，如果是，再将其转换为那种类型。另外，我们还用到了一个新的机制，也就是 sealed（密封）。该机制能够明确体现出某个类型（例如，本例的 Engine 接口）只能由指定的类型（例如，本例的 ElectricEngine 与 PetrolEngine）扩展，而不能由无关的类型扩展，这样做使得程序更容易维护。我们让本例中的两种发动机都实现 Engine 接口，从而令二者具备相同的抽象，但同时我们又禁止其他类型实现该接口，以确保适配器类（也就是 Vehicle 类）不会遇到其他某个类型也实现了 Engine 接口自己却无法适配的尴尬局面（参见范例 4.3）。

范例 4.3 让 Engine 接口只能由指定的类型来扩展

```
sealed interface Engine permits ElectricEngine,
    PetrolEngine  {
    void run();
    void tank();
}
```

Vehicle 类要通过适当的逻辑将各种发动机适配成自己需要的类型，也就是支持 drive 与 refuel 的这种。例如，ElectricEngine 发动机除了 Engine 接口规定的 run 与 tank 方法，还有一个 checkPlug 方法，因此 Vehicle 在适配这种发动机的时候，还必须考虑到这个方法（参见范例 4.4）。

范例 4.4 ElectricEngine 类型的发动机除了通用的 Engine 接口所规定的方法，还具备自身特有的逻辑

```
final class ElectricEngine implements Engine{
    @Override
    public void run() {
        System.out.println("ElectricEngine, run");
    }

    @Override
    public void tank() {
        System.out.println("ElectricEngine, recharging");
    }

    public void checkPlug(){
        System.out.println("ElectricEngine, check plug");
    }
}
```

4.2.4　模式小结

适配器模式属于结构型设计模式，它在开发工作中很有意义，这种模式能够以一种易于维护的方式把两种不同的功能联系起来，使得其中一种功能可以融合到另一种功能的接口中。实现适配的这个适配器可以通过适当的封装变得更加抽象。另外，我们还可以用Java语言的sealed机制来限定有待适配的类型，使得适配器不用考虑如何适配这一范围之外的类型，这样能够让该模式写起来比较容易，而且能够实现得更加清晰。决定运用适配器模式意味着，这个适配器本身需要依照受适配者的那套接口来完成适配，而且要考虑到每一种受适配的类所具有的一些特性。除了采用本例这样的实现方式，你还可以考虑用子类完成适配，这样能够在适配的时候，针对不同的受适配者分别扩充其功能[⊖]。如果你要使用第三方的库或API来完成自己的功能，但是这两边的接口互不兼容，那么可以考虑用这个模式做适配。这样能把程序代码与第三方代码之间的耦合解开，因为你只需要通过适配器去操纵那些代码就好，而不用在主要的程序代码里直接操纵它们，而且这样还符合SOLID原则。用适配器模式做出来的代码重构起来也比较容易。

适配器模式说的是怎样使用某一种与自己的程序不兼容的API。接下来我们将介绍另外一种模式，它说的则是怎样让两个类体系各自演化，使得其中一方可以便捷地从另一方的体系里选择一种实现方案来使用。

4.3　桥接模式——独立地解耦对象和开发对象

桥接模式的目标是把两个类体系分开，让它们能够各自演化，这两个体系可以称为抽象体系与实现体系。该模式属于经典的GoF设计模式。

4.3.1　动机

桥接模式是想通过组合代替继承。如果不这样做，那就需要设立一个基类，并针对各种抽象方案与各种实现方案之间的每一种组合情况，都设计该基类的一个子类，运用了桥接之后，我们则可以设计两个不同的基类，让它们分别引领各种抽象方案与各种实现方案。这样的话，原来的整个大体系就变成了两个能够独立发展的小体系。桥接模式会用到封装与聚合，而且可能会通过继承把不同的职责划分到不同的类里，例如，可以将体系内的各类所共有的功能留在基类，将每个类特有的功能放在子类。

4.3.2　该模式在JDK中的运用

java.util.logging包中的Logger类用到了桥接模式。这个包位于java.logging模块中。

⊖ 例如，可以考虑设计一个带有drive与refuel方法的适配器类，并设计该类的两个子类，令其分别适配ElectricEngine与PetrolEngine，这样可以把适配的职责从Vehicle转移到这个适配器类，使得Vehicle只需通过它来运作即可。——译者注

Logger类通过Filter接口的某个实现类，来过滤日志记录，以决定是应该发布还是应该屏蔽这条记录。这样设计，能够让负责记录的Logger体系与能够精准过滤日志内容的Filter体系各自演化，后者可以实现比前者提供的几种标准日志级别更为精细的控制。

4.3.3 范例代码

现在举一个例子，假设我们想让车辆的类型与发动机的类型能够各自演化，例如，车辆可以有跑车（sport car）与轻型卡车（pickup，皮卡），发动机可以有汽油发动机（petrol engine）与柴油发动机（diesel engine）。每一种车辆都可以选用某一款发动机，为此，我们将车辆与发动机分别抽象成Vehicle与Engine。我们的范例代码会演示怎样组合这两个体系，以创建出采用某种发动机的车辆，并执行车辆的drive与stop方法（参见范例4.5）。

范例 4.5 用桥接模式将车辆类型与发动机类型隔开，令二者各自演化，使得每一种车都能够方便地选配各种发动机

```
public static void main(String[] args) {
    System.out.println("Pattern Bridge, vehicle
        engines...");
    Vehicle sportVehicle = new SportVehicle(new
        PetrolEngine(), 911);
    Vehicle pickupVehicle = new PickupVehicle(new
        DieselEngine(), 300);

    sportVehicle.drive();
    sportVehicle.stop();

    pickupVehicle.drive();
    pickupVehicle.stop();
}
```

输出结果如下：

```
Pattern Bridge, vehicle engines...
SportVehicle, starting engine
PetrolEngine, on
SportVehicle, engine started, hp:911
SportVehicle, stopping engine
PetrolEngine, self check
PetrolEngine, off
SportVehicle, engine stopped
PickupVehicle, starting engine
DieselEngine, on
PickupVehicle, engine started, hp:300
PickupVehicle, stopping engine
DieselEngine, off
PickupVehicle, engine stopped
```

每一种车辆都扩展 Vehicle 这个抽象类，并通过该类所封装的一些基本功能来运作。另外，Vehicle 抽象类为了实现这些基本功能，会通过 Engine 接口来利用发动机的相关能力，这个 Engine 接口就起到了桥接的作用。它把两个体系（也就是车辆体系与发动机体系）连了起来，让前者能够在后者的体系中任意选择一种实现方案（例如，DieselEngine 或 PetrolEngine），参见图 4.2。

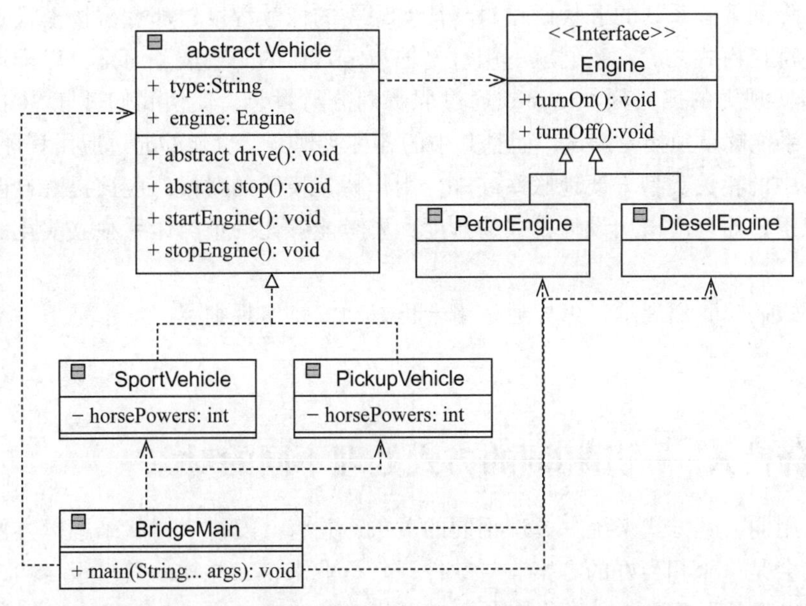

图 4.2　用 UML 类图演示 Engine 接口如何充当桥梁，令各种车辆都能任意选配某一款发动机

这些发动机的运作方式本身各有区别，但桥接模式使得 Vehicle 与 Engine 体系能够分别演化，而不用担心会影响对方（参见范例 4.6）。

范例 4.6　每一款具体的发动机都有特定的实现方式，但这并不影响各种车辆选配这些发动机

```
class DieselEngine implements Engine{
        ...
    @Override
    public void turnOff() {...}
}
class PetrolEngine implements Engine{
        ...
    @Override
    public void turnOff() {
       selfCheck();
       ...
    }
    private void selfCheck(){ ...}
}
```

抽象体系中的 Vehicle 类只依赖实现体系中的 Engine 接口，而不依赖该接口的具体实现类。因此，实现体系里面的各种发动机都能够自行演化，而不用担心这会影响到抽象体系中的各种车辆。车辆只依赖发动机接口，而不依赖具体的发动机类。

4.3.4 模式小结

如果想降低某一系列的源代码，对具体实现类的依赖程度，那么桥接模式是个很好的方案。用了桥接模式之后，我们就不用过早地指定具体的实现类，而是可以推迟到程序真正需要用到实现类的那一刻。该模式通过职责划分与封装，促使我们遵守 SOLID 设计原则。实现体系能够单独接受测试，而且其中的各种实现类，也能够通过应用程序的主代码，与抽象体系中的相关类型方便地联系起来。制作桥接模式的时候，应该提醒自己不要添加不必要的职责，而且应该从设计模式的角度，思考能够让两个类体系独立演化的各种解决方案。

桥接模式还向我们展示了怎样通过组合更好地安排实现细节，这也是下一节将介绍的内容。

4.4 组合模式——用相同的方式处理不同的对象

如果想用同一套方式来统一处理不同的对象，并将其安排成树状结构以方便访问，那么组合模式会是一个相当好的方案。对软件开发行业来说，这样的需求很自然，因此组合模式很早就出现了，而且是一种经典的 GoF 设计模式。

4.4.1 动机

根据底层业务逻辑给对象归组是个很有用的做法。组合模式能够帮助我们实现这样的效果。它用一套相同的办法对待群组中的各类对象，让我们能够方便地创建出有层次的树状结构，并表示出整体与部分之间的关系。这个模式使得应用程序的代码更有逻辑，而且让相关对象之间的组合关系更加明显。

4.4.2 该模式在 JDK 中的运用

JDK 的 Properties 类用到了组合模式，该类位于 java.base 模块的 java.util 包中。这个类通过继承 Hashtable 类而实现 Map 接口，另外，该类内部还组合了一个 ConcurrentHashMap，用来保存属性值，这个 ConcurrentHashMap 也实现了 Map 接口。于是，Java 系统就可以通过 Map 接口来统一对待 Properties 以及它里面组合的那个 ConcurrentHashMap 了。Map 接口定义了 put 与 get 等方法，Properties 类的 put 方法是从 Hashtable 类继承下来的，因此是个 synchronized 方法（也就是同步方法）。但它的 get 方法却是自己覆写的，这个方法不是 synchronized 方法，因为该方法只需要从内部的 ConcurrentHashMap 里把相关的属性值读取出来就好，所以不需要像超类 Hashtable 的 get 方法那样也设计成 synchronized 方法。

4.4.3 范例代码

我们用 SportVehicle 类来演示组合模式的功效，该类实现了表示车辆的 Vehicle 接口。然而除了这个接口，它还与车辆里的部件（也就是 VehiclePart）一样都实现 VehicleElement 接口，这让我们能够用同一种方式（也就是 VehicleElement 接口定义的方式）来操纵车辆本身以及它里面的部件[⊖]（参见图 4.3）。

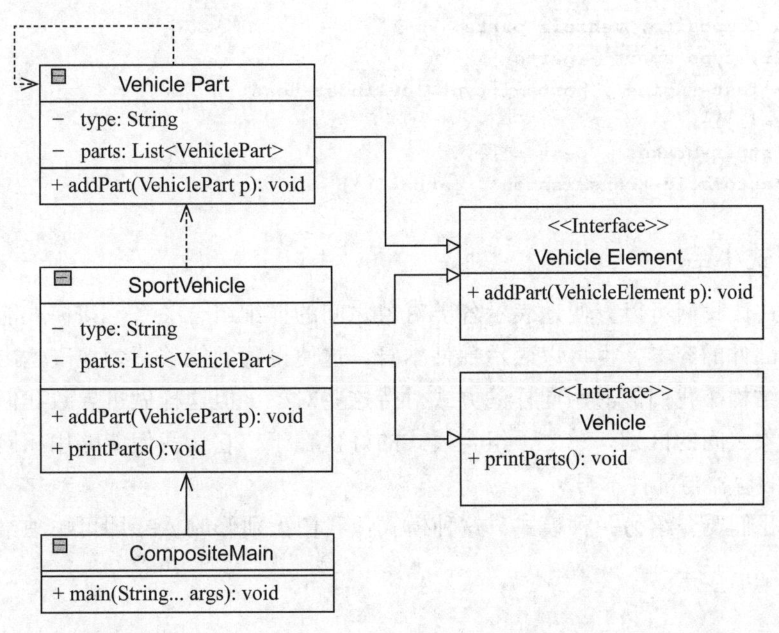

图 4.3　用 UML 类图演示如何通过 VehicleElement 统一操作 SportVehicle 类车辆以及其中的各种 VehiclePart 部件

程序把车辆的各个部件（以及某些部件里面小部件）装配完毕之后，我们就可以在车辆的 parts 列表中观察所有部件的状态了（参见范例 4.7）。

范例 4.7　检视 SportVehicle 实例内部组合的各个部件

```
public static void main(String[] args) {
    System.out.println("Pattern Composite, vehicle
        parts...");
    var fastVehicle = new SportVehicle("sport");
    var engine = new VehiclePart("fast-engine");
    engine.addPart(new VehiclePart("cylinder-head"));
    var brakes = new VehiclePart("super-brakes");
```

⊖ 无论是车辆直属的部件，还是从属于某个大部件的小部件，都可以通过 VehicleElement 接口的 addPart 方法添加到包含该部件的对象中。——译者注

```
        var transmission = new VehiclePart("automatic-
            transmission");
        fastVehicle.addPart(engine);
        fastVehicle.addPart(brakes);
        fastVehicle.addPart(transmission);
        fastVehicle.printParts();
}
```

程序输出结果如下：

```
Pattern Composite, vehicle parts...
SportCar, type'sport', parts:'
[{type='fast-engine', parts=[{type='cylinder-head',
  parts=[]}]},
{type='super-brakes', parts=[]},
{type='automatic-transmission', parts=[]}]'
```

4.4.4 模式小结

组合模式让我们可以方便地表示各类对象之间的详细组合关系。该模式能够表示出那种可以容纳部件的容器，也可以表示部件本身，这使得我们能够清楚地表达出这些对象所形成的层次结构。我们能够用同样的方式对待这些对象，但这样做也导致我们有可能忽视各种具体对象之间的区别。总之，组合模式的好处在于，它让我们能够用相同的方式来管理容纳部件的容器与部件本身。

接下来我们要介绍另一种模式，这种模式让我们无须修改API即可单独给某个对象增加功能。

4.5 修饰器模式——扩展对象的功能

修饰器模式让我们能够把有待修饰的对象放在修饰器里，并在修饰器之中添加新的功能。这样，受到修饰的对象就会具备这些新功能。该模式在Python与Kotlin编程语言里实现起来较为简单灵活。与之相比，Java语言实现的修饰器模式虽然代码多一些，但是更加稳定，也更加容易维护。我们可以明确地展示出修饰器与修饰对象之间的关系，而且还可以在实现过程中利用Java的一些新特性，因此这样实现出的修饰器模式是很有用的。这个模式早就总结出来了，它也属于经典的GoF设计模式。

4.5.1 动机

修饰器模式能够给对象动态地添加一些职责。该模式让我们类继承机制之外，有了另一种灵活扩充功能的方式。修饰器模式让我们在不改变对象当前行为的前提下，静态或动态地为该对象添加功能。

4.5.2 该模式在 JDK 中的运用

Java 集合框架里用到了修饰器模式，该框架位于 java.base 模块的 java.util 包中。这个包里有个名为 Collections 的工具类，其中提供了各种修饰集合的方法，这些方法都采用修饰器模式来运作。例如，Collections 类里的 unmodifiableCollection 方法，能够把受修饰的集合通过 UnmodifiableCollection 型的实例包裹成一个无法修改的集合，让这个集合能够像受修饰的集合一样运作，只是不能修改。此处，UnmodifiableCollection 实例扮演的就是修饰器，Collections 工具类还有其他一些以 unmodifiable 开头的方法，也按照类似方式运作。另外一个例子是 Collections 工具类里以 synchronized 开头的方法，它们会把受修饰的集合包裹成同步版的相应集合。

4.5.3 范例代码

还是用车辆来举例，这次我们利用修饰器模式设计一种车辆优化机制。在这个例子中，SportVehicle 类是普通的跑车。该类实现 Vehicle 接口以满足我们对车辆的基本需求。然后我们假设程序的设计者想要对现有车辆做出改进，于是创建了一个名为 TunedVehicleDecorator 的修饰器类，这个类能够给未受修饰的车辆做包装，在不改变其现有功能的前提下，为它增设提升马力的功能（或者说，增设高速模式），参见图 4.4。

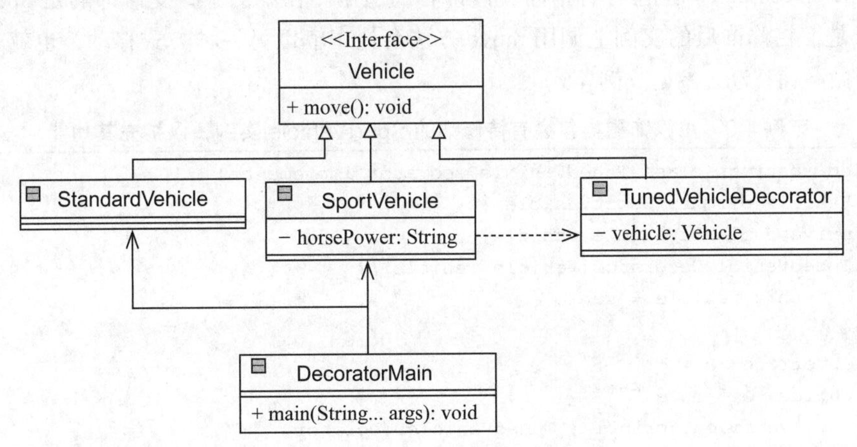

图 4.4 用 UML 类图呈现受修饰的 SportVehicle 类与充当修饰器的 TunedVehicleDecorator 类之间的关系

无论是不打算受修饰的标准 StandardVehicle，还是受过修饰的 SportVehicle，都可以通过通用的 Vehicle 接口来操作（参见范例 4.8）。

范例 4.8 设计一种带有调节机制的抽象类，让该类充当修饰器，以扩充现有 SportVehicle 类，令其在当前马力（即 200）的基础上获得功率提升

```
public static void main(String[] args) {
    System.out.println("Pattern Decorator, vehicle 1");
    Vehicle standardVehicle = new StandardVehicle();
```

```
    Vehicle vehicleToBeTuned = new StandardVehicle();
    Vehicle tunedVehicle = new SportVehicle
        (vehicleToBeTuned, 200);

    System.out.println("Drive a standard vehicle");
    standardVehicle.move();

    System.out.println("Drive a tuned vehicle");
    tunedVehicle.move();
}
```

程序输出结果如下：

```
Pattern Decorator, tuned vehicle
Drive a standard vehicle
Vehicle, move
Drive a tuned vehicle
SportVehicle, activate horse power:200
TunedVehicleDecorator, turbo on
Vehicle, move
```

修饰器模式有多种实现方式。我们这里用的办法是设计一个充当修饰类的抽象类，叫作TunedVehicleDecorator，让它持有指向受修饰者的引用。在本例中，受修饰的是SportVehicle实例。于是，在修饰后的实例上调用move方法会让车辆以另一种方式移动，也就是在大功率模式下做高速移动（参见范例4.9）。

范例 4.9 用修饰器类包裹有待修饰的 SportVehicle 实例，以扩充其功能

```
sealed abstract class TunedVehicleDecorator implements
    Vehicle permits SportVehicle {
    private final Vehicle vehicle;
    TunedVehicleDecorator(Vehicle vehicle) {
        this.vehicle = vehicle;
    }
    @Override
    public void move() {
        System.out.println("TunedVehicleDecorator,
           turbo on");
        vehicle.move();
    }
}

final class SportVehicle extends TunedVehicleDecorator {
    private final int horsePower;

    public SportVehicle(Vehicle vehicle, int horsePower) {
        super(vehicle);
        this.horsePower = horsePower;
```

```
    }

    @Override
    public void move() {
        System.out.println("SportVehicle, activate horse
            power:" + horsePower);
        super.move();
    }
}
```

4.5.4 模式小结

在开发应用程序的过程中，修饰器模式是个很有用的方案。该模式能够用来迁移程序的逻辑，把那些现在已经不宜明确使用的功能掩藏起来，或让我们在不该通过设立子类来实现功能扩充的情境下以另一种形式实现扩充。本节的例子还将这个充当抽象类的修饰器设成了密封（sealed）类，从而只允许我们想要修饰的类型（即 SportVehicle）来扩展该类，这样做能够让代码更容易维护，也更容易理解。修饰器模式不仅可以帮我们添加新功能，还可以帮我们移除已经过时的功能。该模式使我们在不扰乱现有接口的前提下，用一种便于理解也便于使用的方式修改想要修饰的对象。

有的时候，我们可以把修饰器模式与另一种设计模式结合起来使用，这就是下一节将要讲的外观模式。

4.6 外观模式——简化程序与某一群对象之间的通信逻辑

外观模式提供一套覆盖底层子系统的统一接口。换句话说，该模式定义一套高级接口，让我们能够更为方便地使用底层子系统。这个模式属于经典的 GoF 设计模式。

4.6.1 动机

子系统在演化过程中通常会越变越复杂。大多数设计模式都会导致程序里面出现一些较小的类，这一方面使得子系统更容易复用，也更容易定制，但另一方面，则会让用户处理起来较为繁杂。外观模式能够为子系统提供一套简化的默认视图，让大多数用户都能够方便地通过该视图来使用这个子系统。只有那些需要详细定制其内容的人，才会越过外观模式直接操纵子系统中的组件。

4.6.2 该模式在 JDK 中的运用

前面多次提到 Java 集合框架，该框架位于 java.base 模块的 java.util 包里。JDK 中有许多地方用到了这个框架，尤其是在实现内部逻辑的时候。框架里的 List、Set、Queue、Map 与 Enumeration 等类型可以视为某种具体集合类型的外观。例如 List，它通常由 ArrayList

或 LinkedList 等类来实现。这些实现类在细节上面有所区别，详情参见第 2 章的表 2.3、表 2.4 和表 2.5。

4.6.3 范例代码

外观模式是软件工程中频繁使用的一种模式，而且表达起来比较容易。我们假设有个人拿到了驾照，这个驾照令其既能驾驶使用汽油的车，也能驾驶使用柴油的车，当然还能给这两种车加油。为了简化车辆的操控，我们把各种类型的车都归到 Vehicle 类型的名下（参见范例 4.10）。

范例 4.10 外观模式让用户能够通过一套标准的接口来控制其下的子系统

```
public static void main(String[] args) {
    System.out.println("Pattern Facade, vehicle types");
    List<Vehicle> vehicles = Arrays.asList(new
        DieselVehicle(), new PetrolVehicle());
    for (var vehicle: vehicles){
        vehicle.start();
        vehicle.refuel();
    }
}
```

程序输出结果如下：

```
Pattern Facade, vehicle types
DieselVehicle, engine warm up
DieselVehicle, engine start
DieselVehicle, refuel diesel
PetrolVehicle, engine start
PetrolVehicle, refuel petrol
```

将各种车辆都归到 Vehicle 类型的名下，对代码的结构很有好处，因为这样能够让我们实现出更加清晰的代码（参见图 4.5）。

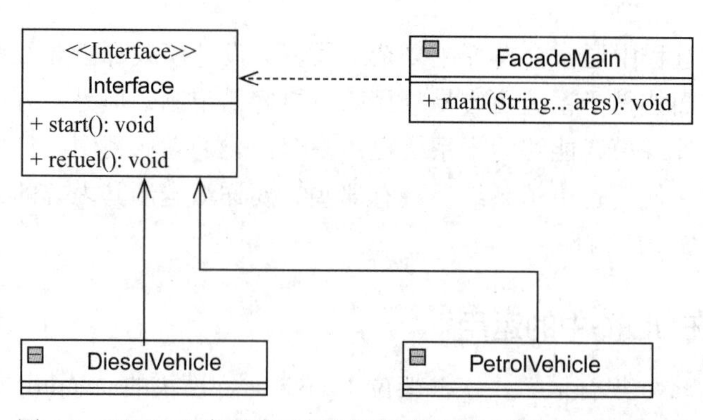

图 4.5 用 UML 类图演示如何通过外观模式统领各种 Vehicle

4.6.4　模式小结

外观模式是一种使用相当频繁的模式，在开发应用程序的任何阶段都可以加以考虑。该模式不仅有助于促进接口隔离原则，而且也符合 SOLID 理念。外观模式帮助我们管理子系统内部的依赖关系，同时又让子系统中的各个组件易于定制且易于维护。外观模式还可以减少耦合度，并促使程序中的各部分相互分离，这是因为这个模式迫使我们把不需要出现的依赖关系，从程序中拿掉。由于外观模式能够把它下面的子系统掩盖起来，因此这个模式很自然地有利于我们对代码做横向扩展（也就是水平扩展）。虽然该模式好处很多，但如果误用，就会导致子系统的源代码难以维护，并令其陷入混乱。面对这种情况，我们应该重新评估当前的实现方案，并根据 SOLID 原则做出改进。

接下来，我们将要讲另一种模式，这种模式能够根据某条规则从集合中选出正确的对象。

4.7　过滤器模式——根据条件选出需要的对象

过滤器模式有时也叫作判断标准模式（criteria pattern），这种模式让用户能够采用各种标准（或规则）筛选对象，并通过逻辑操作把这些筛选标准组合起来。

4.7.1　动机

过滤器模式能够帮我们简化代码，让这些代码像容器及其子类型那样为用户提供符合各种规则的内容，从而令这些规则形成一套易于扩展的类体系。这样的话，我们就不用设置某种单一的类型来涵盖各条规则，并让用户通过泛型参数描述某条具体规则了。这使得开发者可以方便地扩充规则体系，并且能够像容器那样，将这种内容过滤功能公布出来。另外，开发者还能够动态地添加或删除规则，而不用担心这会影响其他代码。

4.7.2　该模式在 JDK 中的运用

我们来考虑这样一种接口，它用来表示返回 Boolean 值的函数，这种接口能够当成过滤器使用。一个典型的例子是 Predicate 类，它位于 java.base 模块的 java.util.function 包中。该类能够表示 Boolean 函数，这样的函数可以跟 Java Stream API（参见第 2 章）搭配使用。具体来说，这指的是跟 Stream 的 filter 方法相搭配，该方法接受一个 Predicate 类型的参数，并根据这个 Predicate 所返回的 Boolean 值，来决定其中的各项内容是否保留在 filter 所返回的 Stream 里。

4.7.3　范例代码

有一个很好的例子能够演示过滤器模式，这就是从车辆中筛选用户所需的传感器。当今的车辆都包含大量传感器，所以我们很难直接找到某个具体的传感器，但如果采用层层筛选的办法，寻找起来就比较容易（参见范例 4.11）。

范例 4.11 将过滤器模式所提供的各种规则结合起来，方便而清晰地从车辆中筛选出我们想要的传感器

```
private static final List<Sensor> vehicleSensors = new
    ArrayList<>();
static {
    vehicleSensors.add(new Sensor("fuel", true));
    vehicleSensors.add(new Sensor("fuel", false));
    vehicleSensors.add(new Sensor("speed", false));
    vehicleSensors.add(new Sensor("speed", true));
}
public static void main(String[] args) {
    ...
    Rule analog = new RuleAnalog();
    Rule speedSensor = new RuleType("speed");
    ...

    var analogAndSpeedSensors = new RuleAnd(analog,
        speedSensor);
    var analogOrSpeedSensors = new RuleOr(analog,
        speedSensor);
    System.out.println("analogAndSpeedSensors=" +
        analogAndSpeedSensors.validateSensors
            (vehicleSensors));
    System.out.println("analogOrSpeedSensors=" +
          analogOrSpeedSensors.validateSensors
              (vehicleSensors));
}
```

程序输出结果如下：

```
Pattern Filter, vehicle sensors
AnalogSensors: [Sensor[type=fuel, analog=true],
    Sensor[type=speed, analog=true]]
SpeedSensors: [Sensor[type=speed, analog=false],
    Sensor[type=speed, analog=true]]
analogAndSpeedSensors=[Sensor[type=speed, analog=true]]
analogOrSpeedSensors=[Sensor[type=fuel, analog=true],
    Sensor[type=speed, analog=true], Sensor[type=speed,
        analog=false]]
```

图 4.6 演示了本例中各个类型之间的关系。

由于 Rule 接口定义了唯一的一个抽象方法，也就是 validateSensors 方法，因此这样的接口能够当作函数接口使用。这也意味着，我们可以给 Rule 接口施加 FunctionalInterface 注解，令编译器像对待其他一些添加了此注解的接口那样对该接口做出相应的优化处理。每一个具体的规则类都对 validateSensors 方法做出特定的实现（参见范例 4.12）。

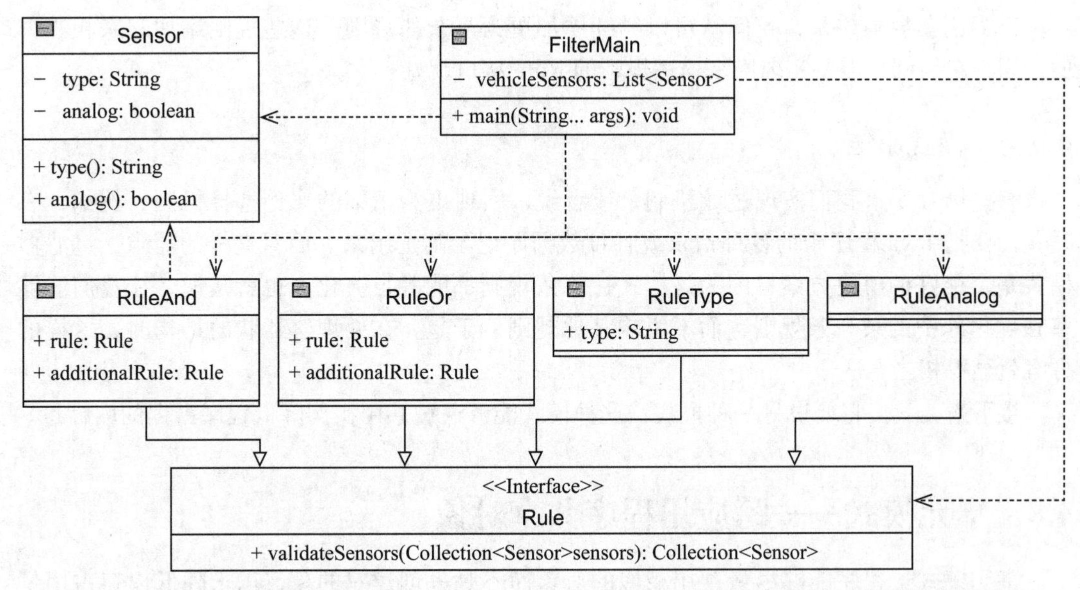

图 4.6　用 UML 类图来表示能够从一批 Sensor 中筛选特定实例的各种规则类之间所具备的关系

范例 4.12　有些规则类的逻辑比较简单，像是 RuleAnalog 这种，只需根据某个字段过滤即可，还有一些较为复杂，例如，RuleAnd，它要根据其他一些规则类所定义的逻辑做综合处理

```
@FunctionalInterface
interface Rule {
    Collection<Sensor> validateSensors(Collection<Sensor>
        sensors);
}
class RuleAnalog implements Rule {
    @Override
    public Collection<Sensor> validateSensors
        (Collection<Sensor> sensors) {
        return sensors.stream()
                .filter(Sensor::analog)
                .collect(Collectors.toList());
    }
}
record RuleAnd(Rule rule, Rule additionalRule) implements
    Rule {
    @Override
    public Collection<Sensor> validateSensors
        (Collection<Sensor> sensors) {
        Collection<Sensor> initRule = rule.validateSensors
            (sensors);
        return additionalRule.validateSensors(initRule);
    }
}
```

有了这套规则体系，我们就可以继续添加更为复杂的规则，这些规则添加起来相当方便，因为它们都只需要实现用来描述规则的 Rule 接口就好。

4.7.4 模式小结

有些场合要求我们实现过滤机制，或者说，实现更为精细的实例选择机制，例如，有时我们要把 Java 程序中的各种请求或各种数据库记录筛选出来。面对这样的需求，过滤器模式是个很好的解决方案，因为该模式让每条规则都能各自演化，也就是说，让我们能够单独优化其中的某一条规则，而不影响其他规则，于是，在处理容器状的结构时，这样的方案就显得相当合适。

接下来，我们将要讲另一种模式，这种模式能够通过共用实例降低程序占据的内存量。

4.8 享元模式——跨应用程序共享对象

享元模式让程序能够尽量共用相似的对象而不是去创建对的象，以求降低内存占用量或计算开销。该模式属于经典的 GoF 设计模式。

4.8.1 动机

刚开发出来的应用程序可能会使用大量的对象，但在这些对象里并非每一个都是用户所必需的。由于程序中已经存在的实例比较多，而且还会不断地创建新实例，因此内存开销相当大。其实在许多场合，我们都可以考虑用一小群实例来取代目前的这一大批实例。这一小群实例能够在程序的各部分代码之间方便地共用。于是，垃圾收集算法的压力就会减少。另外，如果程序采用这样的方式进行通信，那么需要开启的 socket 数量也会降低。

4.8.2 该模式在 JDK 中的运用

在 JDK 里很容易就能找到享元模式，只是有些人可能不太注意。例如，在 java.base 模块的 java.lang 包里，有许多针对原始类型而设立的包装器类型，这些类型就会利用享元模式降低内存用量。如果程序要处理许多重复的值，那么享元模式的好处尤为明显。Integer、Byte 与 Character 这样的包装器类都提供 valueOf 的方法，用来获取与相应的原始类型值对应的包装器对象，这个方法用内部缓存来放置重复的对象，而不是每次都创建新的对象，所以说，它使用了享元模式。

4.8.3 范例代码

举个例子，假设车库里面有几种车辆可供租借。除了要管理用于出租的汽车本身，还需要管理与每辆车相关的文档，而每一种车的文档在默认情况下都是相似的。因此，我们可以复用这些文档，只有在首次遇见用户需要租借某种车辆时，我们才创建一个新的文档并将其纳入缓存。如果用户租借的是一种以前有人借过的车，那么直接把当时创建的那个文档取出来复用即可（参见范例 4.13）。

范例 4.13　通过享元模式在程序里共享同一种车的文档模板，以降低程序的内存用量

```
public static void main(String[] args) {
    System.out.println("Pattern Flyweight, sharing
        templates");
    Vehicle car1 = VehicleGarage.borrow("sport");
    car1.move();
    Vehicle car2 = VehicleGarage.borrow("sport");
    System.out.println("Similar template:" +
        (car1.equals(car2)));
}
```

程序输出结果如下：

```
Pattern Flyweight, sharing vehicles
VehicleGarage, borrowed type:sport
Vehicle, type:'sport-car', confirmed
VehicleGarage, borrowed type:sport
Similar template: true
```

这个范例的关键是接下来要展示的 VehicleGarage 类（参见范例 4.14），该类在内部实现了一套缓存，用来登记并存储与每一种车相对应的文档模板。

范例 4.14　VehicleGarage 类实现一套内部缓存，让程序只在找不到某种车的文档模板时才去创建这样的模板，以降低这些模板占据的内存量

```
class VehicleGarage {
    private static final Map<String, Vehicle> vehicleByType
        = new HashMap<>();
    static {
        vehicleByType.put("common", new VehicleType
            ("common-car"));
        vehicleByType.put("sport", new VehicleType("sport-
            car"));
    }

    private VehicleGarage() {
    }

    static Vehicle borrow(String type){
        Vehicle v = vehicleByType.get(type);
        if(v == null){
            v =  new VehicleType(type);
            vehicleByType.put(type, v);
        }
        System.out.println("VehicleGarage, borrowed type:"
```

```
            + type);
        return v;
    }
}
```

下面是范例 4.14 各类之间的关系图，由图 4.7 可以看出，用户不需要关注程序中的 VehicleType 类，尽管 VehicleGarage 所提供的 Vehicle 享元其实是 VehicleType 类型的实例，但用户还是只需要通过 Vehicle 接口本身来操纵这些实例。

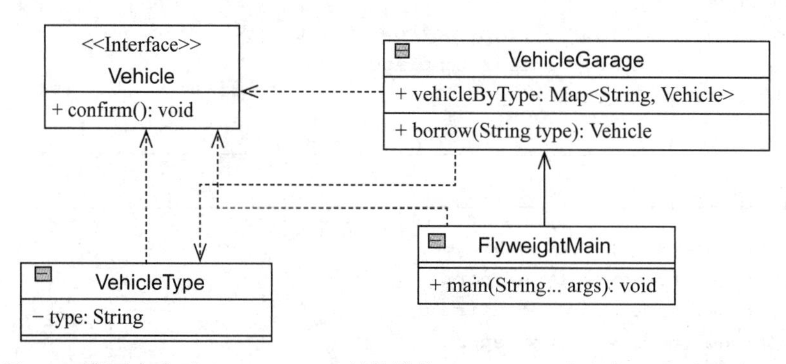

图 4.7 用 UML 类图来表示 VehicleGarage 所提供的 VehicleType 享元与用户需要关注的 Vehicle 接口之间的关系

4.8.4 模式小结

享元模式的主要优点在于能够根据用户的要求，管理一大批与这些要求有关的对象。该模式会根据需求来创建对象，让开发者能够很好地控制当前已经创建出的这些实例。用户只需要获取并使用这些享元就好，而无须担心因为对象的身份不同而引发问题。享元模式让用户能够便捷地获取对象，并在这些对象上面使用由底层代码所支持的一些功能，这样做符合 SOLID 设计理念与 DRY 原则。

下一节将要讲解如何用一种易于管控的方式来统一处理外界传入的请求。

4.9 前端控制器模式——统一处理请求

前端控制器模式的目标是创建一种通用的服务，以满足大多数客户的要求。该模式定义一套流程，让身份认证、安全保护、操作定制以及日志记录等常见功能全都可以封装在同一个地点。

4.9.1 动机

这个模式在开发 Web 应用程序的时候很常见。它会定义一种由控制器（controller）所使用的标准处理程序（standard handler）并予以实现。对外界传入的所有请求做出验证，是这种处理程序应该担负的一个职责。不过，在程序运行期间，同一种处理程序可能会多次登场。但无论如何，这些处理程序所使用的代码全都被封装在一起，以供用户调用。

4.9.2 该模式在 JDK 中的运用

在 jdk.httpserver 模块的 sun.net.httpserver 包，以及其中的 HttpServer 抽象类中，都用到了前端控制器模式。HttpServer 类定义了名为 createContext 的抽象方法，该方法能够接受一个实现了 HttpHander 接口的对象做参数。这个参数所表示的实例会参与 HTTP 请求的处理过程，并执行其 handle 方法。JDK 18 发布了一种名为 SimpleFileServer 的包装类，该类在底层实现了 HttpServer，并以此打造一台简单的文件服务器。另外，这个功能还可以通过 jwebserver 命令行程序来使用（参见本章参考资料 4）。

4.9.3 范例代码

我们构造的这个范例是为了说明该模式的原理，所以会把如何解析 Web 请求这一问题给忽略掉（参见范例 4.15）。

范例 4.15 车辆系统采用前端控制器模式处理外界传入的命令

```
public static void main(String[] args) {
    System.out.println("Pattern FrontController, vehicle
        system");
    var vehicleController = new VehicleController();

    vehicleController.processRequest("engine");
    vehicleController.authorize();
    vehicleController.processRequest("engine");
    vehicleController.processRequest("brakes");
}
```

程序输出结果如下：

```
Pattern FrontController, vehicle system
VehicleController, log:'engine'
VehicleController, is authorized
VehicleController, not authorized request:'engine'
VehicleController, authorization
VehicleController, log:'engine'
VehicleController, is authorized
EngineUnit, start
VehicleController, log:'brakes'
VehicleController, is authorized
BrakesUnit, activated
```

假设这个车辆控制系统有一个控制器，负责控制发动机与制动器等部件的运作。外界传入的所有命令都会先交给这个控制器处理（参见图 4.8）。

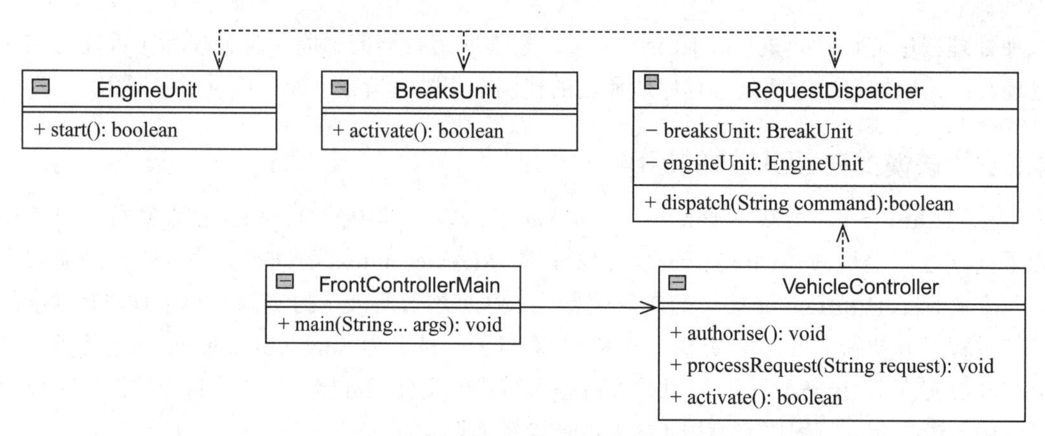

图 4.8 前端控制器模式能够保证控制器与调度器（dispatcher）之间耦合得较为松散

充当控制器的 VehicleController 对象需要使用一个特定的 handler 实例来处理请求。在本例中，这个 handler 实例指的是 RequestDispatcher 类的对象（参见范例 4.16）。

范例 4.16 把由 RequestDispatcher 实例所表示的请求处理程序注入到前端控制器 VehicleController 中

```
record RequestDispatcher(BrakesUnit brakesUnit, EngineUnit
    engineUnit) {
    void dispatch(String command) {
        switch (command.toLowerCase()) {
            case "engine" -> engineUnit.start();
            case "brakes" -> brakesUnit.activate();
            default -> throw new IllegalArgumentException
                ("not implemented:" + command);
        }
    }
}
class VehicleController {
    private final RequestDispatcher dispatcher;
    ...
    void processRequest(String request) {
        logRequest(request);
        if (isAuthorized()) {
            dispatcher.dispatch(request);
        } else {
            System.out.printf("""
                VehicleController, not authorized request:
                    '%s'%n""", request);
        }
    }
}
```

BrakesUnit 与 EngineUnit 类会分别接受请求调度器（request dispatcher，也称为请求派

发程序）发来的相关指令，这些类的代码与请求处理程序或前端控制器的代码是相互分离的，因而这几部分能够各自演化。

4.9.4 模式小结

前端控制器模式主要用在 Web 框架里，它能够把处理请求的逻辑封装起来，并让各种处理程序都能够方便地移植。我们只需要在运行程序的时候把这些控制器与处理程序适当地注册好就行。该模式的某些实现方案还支持动态处理（dynamic handling）功能，让我们无须在运行程序的时候切换相关的类，即可改变程序的处理逻辑。前端控制器模式提供一套集中的处理机制，以应对外界传入的各种信息。

在设计软件的时候，我们可能需要向某一组类散播特定的信息。为此，很值得考虑给这些类贴上标签。所以，接下来我们将讲一种能够实现此效果的模式。

4.10 标记模式——识别实例

这个模式特别有用的一个地方是能够在程序运行期间，把需要予以特别对待的实例给识别出来，例如，我们可以通过此模式让程序一发现有某种实例出现，就在其上触发特定的操作。

4.10.1 动机

标记模式又叫标记接口模式（marker interface pattern），这种接口是个空白的接口。这样的接口用于在程序运行期间标记某一群特殊的类。由于这种接口是单纯用来贴标签的，因此该模式有时又称为标签模式（Tagging Pattern），这样的接口也称为标签接口（Tagging Interface）。有了这种接口，应用程序就能在运行期间对实现了该接口的类及其实例做出特别处理。这一部分逻辑可以跟其他逻辑分开，并进行适当封装。对于 Java 语言来说，由于该语言还支持一种特殊形式的接口，也就是 Annotation（注解），因此标记模式有两种实现方式，第一种方式较为普通，是让受标记的类型明确实现标记接口，第二种方式则是利用 Java 语言特有的注解机制，给需要贴标签的类型加注。

4.10.2 该模式在 JDK 中的运用

该模式在 JDK 里有个很明显的范例，位于 java.base 模块中。这个模块的 java.io 包定义了 Serializable 接口，java.lang 包定义了 Cloneable 接口。这两种接口均不包含任何方法，它们都用来在程序运行过程中标注需要加以特殊处理的对象。Serializable 接口在序列化与反序列化（又名串流化与反串流化）的过程中有着重要作用，这两个过程可以分别通过 writeObject 与 readObject 方法触发，如果正在处理的对象包含应该予以序列化的字段，那么这些字段也会接受相应的处理。与 Serializable 接口类似，Cloneable 接口也是为了贴标签而存在的，如果某个类型实现了该接口，那么 JVM 就知道在这种类型的对象上执行 Object.clone() 方法，可以给该对象做逐字段的复制，并返回一个以这种方式克隆出来的新对象。这里需要注意的是，不同种类的字段在克隆过程中的处理方式是有区别的。原始类型的字段是按字面值复制的，但是引用类型的字段克隆的只是引用本身，而不是该引用所指向的实际对象，因此有时可能需要在超类返回的克隆结果上进行修改。凡是宣称自己实现了 Cloneable 接口的类型都需要适当地覆写 Object 类的 clone 方法，这样才能让系统通过该方法给这种类型的对象正确地制作副本。

4.10.3 范例代码

我们来举一个简单而实际的例子，看看如何区分车辆中的各种传感器（参见图 4.9）。

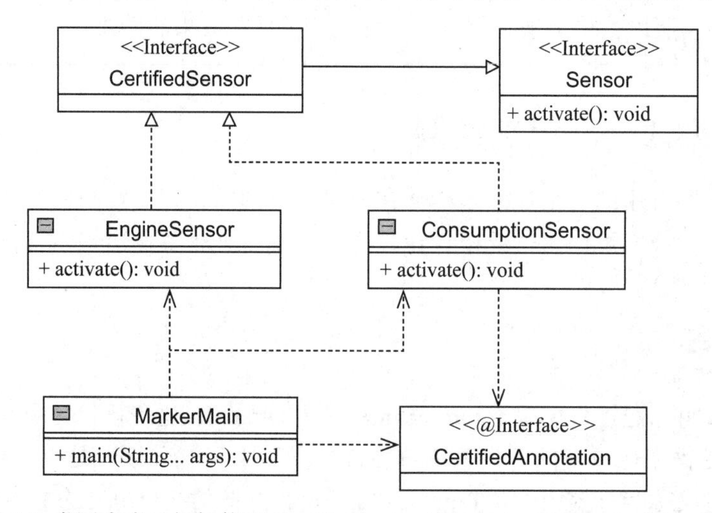

图 4.9 用 UML 类图来表示如何使用 CertifiedSensor 接口与 CertifiedAnnotation 注解等标签机制标注获得认证的传感器

主类 MarkerMain 需要在车辆所包含的传感器里把获得认证的传感器识别出来，以便做出特别的处理（参见范例 4.17）。

范例 4.17 通过带有模式匹配功能的 switch 结构把我们用标记接口模式所标注的传感器识别出来

```
public static void main(String[] args) {
    System.out.println("Pattern Marker, sensor
        identification");
    var sensors = Arrays
            .asList(new BrakesSensor(), new EngineSensor()
                    , new ConsumptionSensor());
    sensors.forEach(sensor -> {
        if(sensor.getClass().isAnnotationPresent
            (CertifiedAnnotation.class)){
            System.out.println("Sensor with Marker
```

```
                annotation:" + sensor);
        } else {
            switch (sensor){
                case CertifiedSensor cs -> System.out.
                    println("Sensor with Marker interface:
                        " + cs);
                case Sensor s -> System.out.println
                    ("Sensor without identification:"+ s);
            }
        }
    });
}
```

程序输出结果如下：

```
Pattern Marker, sensor identification
Sensor without identification:BrakesSensor[]
Sensor with Marker interface:chapter04.marker
  .EngineSensor@776ec8df
Sensor with Marker annotation:chapter04.marker
  .ConsumptionSensor@30dae81
```

这个例子同时演示了该模式的两种实现方式。一种是定义 CertifiedSensor 接口，并且让需要加以特别处理的传感器类型实现该接口；另一种是定义 CertifiedAnnotation 注解，并用该注解给需要特别处理的传感器类型加注。

我们需要先定义一个通用的接口，无论传感器是否受到认证，都应该实现这个 Sensor 接口（参见范例 4.18）。

范例 4.18　定义带有抽象方法的 Sensor 接口，以及该接口的子接口 CertifiedSensor 和 CertifiedAnnotation 的注解

```
@Retention(RetentionPolicy.RUNTIME)
@interface CertifiedAnnotation {}
public interface CertifiedSensor extends Sensor {}
public interface Sensor {
    void activate();
}
```

有了这个标记接口与注解，我们就能够给需要特别对待的传感器类型轻松地贴上标签。只需要让某个传感器类实现 CertifiedSensor 标记接口，或让它带有 CertifiedAnnotation 注解，主程序就能够将这样的传感器识别出来（参见范例 4.19）。

范例 4.19　用标记接口模式给需要特别对待的传感器贴标签

```
@CertifiedAnnotation
class ConsumptionSensor implements Sensor {
    @Override
    public void activate() {...}
```

```
}

final class EngineSensor implements CertifiedSensor {
    @Override
    public void activate() {...}
}
```

4.10.4 模式小结

标记接口模式在程序运行期间很有用，但必须明智地使用，若使用不当，则会产生一些问题。第一个问题，忘记给需要特别对待的类型贴上标签，或者忘记根据应用程序的演化情况来更新相应的标记接口与注解。第二个问题，发生在对贴了标签的实例做出特殊处理的逻辑代码上。如果让这种代码杂乱地散布在程序的各个角落，那么就会导致我们无法认清程序的行为。反之，若是运用得当，该模式则能够简化应用程序的逻辑。在它的两种实现方式中，采用标记接口来实现会更好一些，因为这样有利于追踪。

下面我们将介绍另一种模式，这种模式可以方便地管理车辆开发项目中的各个组件。

4.11 模块模式——利用模块的概念来管理各个组件

模块模式用来实现模块化编程（modular programming）中的软件模块（software module）这一概念。该模式通常用在编程语言无法直接支持模块机制，或应用程序明确要求使用模块的场合。

4.11.1 动机

模块模式可以根据应用程序的需求以多种方式实现。该模式把应用程序的各类功能，清晰地汇聚或封装到相应模块中。Java 平台本身已经通过 Jigsaw 项目实现了对模块概念的基本支持，从 JDK 9 开始，我们可以直接使用模块。尽管如此，还是可以尝试采用手动编程的方式模拟一套相似的机制，这套机制是通过手动编程实现的。因此，编程手法上的一些因素导致我们无法像 Java 原生的模块机制那样，让不同的模块彼此完全隔绝。

4.11.2 该模式在 JDK 中的运用

该模式在 JDK 中最为经典的一个范例体现在 Java 平台本身的模块系统上。这些内容在 2.7 节详细讲解过了。

4.11.3 范例代码

我们想象这样一个车辆项目，它的制动器系统与发动机系统是各自独立的。这种情况与现实中的车辆也较为贴近。制动器模块与发动机模块能够各自运作，而且在程序运行期间，每一种模块都只有唯一的一份。使用车辆之前，必须先将这两个模块激活（参见范例 4.20）。

范例 4.20　用户编写 initModules 方法，以便在使用车辆之前先把已经封装过的模块配置好

```
class ModuleMain {
    ...
    private static void initModules() {
        brakesModule = BrakesModule.getInstance();
        engineModule = EngineModule.getInstance();
        engineModule.init();
    }

    ...

    public static void main(String[] args) {
        initModules();
        printStatus();
    }
}
```

程序输出结果如下：

```
BrakesModule, unit:BrakesModule@5ca881b5
EngineModule, unit:EngineModule@4517d9a3
EngineModule, init
BrakesModule, ready:false
EngineModule, ready:true
```

图 4.10 展示了各模块之间的划分情况。由于我们是通过手动编程来模拟模块机制的，因此用户还是能够从某个模块里直接享用另一个模块的内容，或者直接实现另一个模块中的抽象类型，而无法像 Java 平台原生的模块那样做到更严格的访问控制。

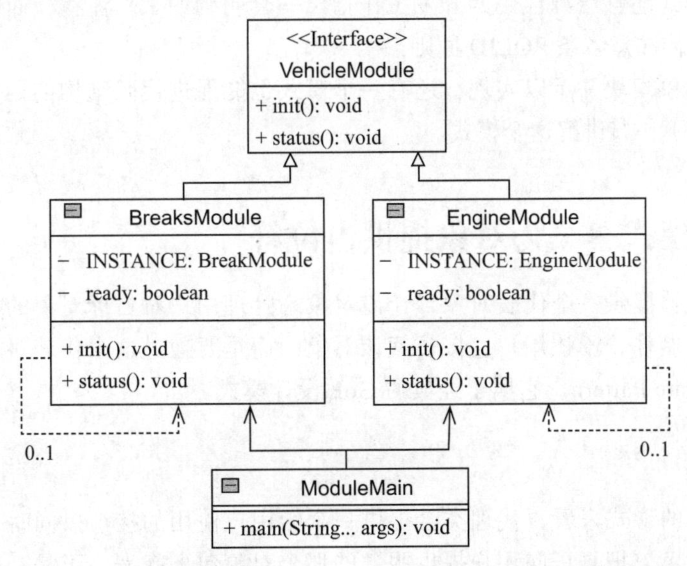

图 4.10　用 UML 类图来演示这些实现了 VehicleModule 接口的模块是如何划分的

每个模块都只有唯一的一个实例，这样能够确保用户可以通过该实例方便地使用模块中的功能（参见范例 4.21）。

范例 4.21 EngineModule 与 BrakesModule 这两个范例模块各自都只有一个实例，这两个模块的结构是相似的

```
class EngineModule implements VehicleModule {
    private static volatile EngineModule INSTANCE;
    static EngineModule getInstance() {
       ...
        return INSTANCE;
    }
    private boolean ready;
     ...
    @Override
    public void init() {...}

    @Override
    public void status() {...}
}
```

4.11.4 模式小结

模块模式引入了一种安排源码结构的方式，让这些代码变得相当清晰。每个模块都可以各自演化，而不用担心会影响其他模块。本例是采用手动编程的方案来模拟模块的，这样的模块必须审慎地进行扩展。这种方案还有个问题出现在模块的初始化上，并非每个项目都能像我们刚才举的例子一样，等到用户首次要求获取模块实例的时候再去做初始化。正确运用模块模式能够给源代码的开发工作指出一套明确的工作流程，而且能够提醒我们在编写代码的时候注意各条 SOLID 原则。

除了定义抽象模块并予以实现，还有一个模式也能促进代码结构的划分，这就是代理模式。我们将在下一节讲解这个模式。

4.12 代理模式——为对象提供占位符

代理模式能够提供一个代表对象，让该对象来管理用户对目标对象的访问，这相当于把目标对象给控制住，不让用户直接访问该对象，而是要通过这个代表对象来访问。该模式也称为 Surrogate Pattern。它属于经典的 GoF 设计模式。

4.12.1 动机

从最为通用的形式来看，代理类会提供一个给用户使用的接口。同时，它还扮演包装器或代理人的角色，把真正向用户提供服务的那个对象包裹起来。于是，用户就需要通过代理类提供的接口来操作了，真正实现该接口的对象隐藏在代理类的后面，不被用户所见。代理类在用户与真正的实现类之间充当中间人，让用户能够像直接访问那个类一样通过代理类方便地与之通信。

运用代理模式不仅可以控制用户对实际对象的访问操作，而且还让我们能够在用户访问那个对象的时候执行其他一些逻辑。

4.12.2 该模式在 JDK 中的运用

代理模式在 JDK 中也有所体现。最为明显的一处，就是在 java.lang.reflect 包中的 Proxy 类，这个包位于 java.base 模块里。Proxy 类提供了静态方法，让我们能够针对接口创建代理对象，把用户通过代理对象而执行的接口方法调用操作派发到指定的调用处理程序（InvocationHandler）上。

4.12.3 范例代码

我们以远程操控车辆为例。控制器（或者说，遥控器）本身是代理模式之中的代理类，它提供一套与目标车辆完全相同的功能，而且还管理着用户与真实的 Vehicle 实例（也就是目标车辆）之间的联系（参见范例 4.22）。

范例 4.22 VehicleProxy 代理类的实例能够像它所代理的真实车辆一样运作

```
public static void main(String[] args) {
    System.out.println("Pattern Proxy, remote vehicle
        controller");
    Vehicle vehicle = new VehicleProxy();
    vehicle.move();
    vehicle.move();
}
```

程序输出结果如下：

```
Pattern Proxy, remote vehicle controller
VehicleProxy, real vehicle connected
VehicleReal, move
VehicleReal, move
```

实际的车辆类与针对这种车而设置的代理类都实现表示车辆功能的 Vehicle 接口（参见图 4.11）。

这样设计让我们能够在现有的 VehicleReal 之外继续添加其他一些车辆，并把那些车辆也交给代理类 VehicleProxy 去控制（参见范例 4.23）。

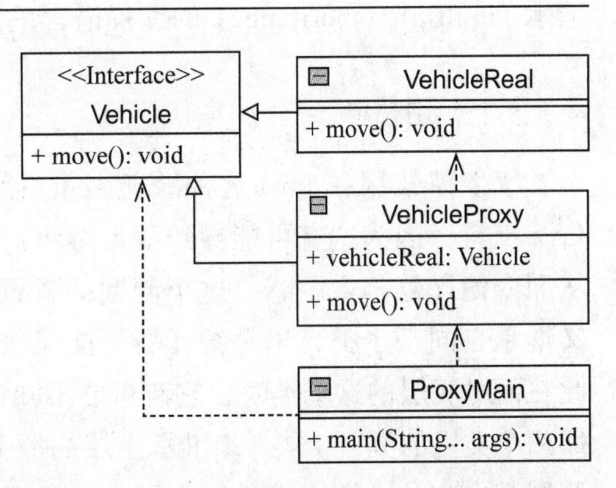

图 4.11 用 UML 类图描述代理类如何对实际车辆做代理

范例 4.23 VehicleProxy 代理类里有指向实际车辆的引用

```
class VehicleProxy implements Vehicle{
    private Vehicle vehicleReal;
    @Override
    public void move() {
        if(vehicleReal == null){
            System.out.println("VehicleProxy, real vehicle
                connected");
            vehicleReal = new VehicleReal();
        }
        vehicleReal.move();
    }
}
```

4.12.4 模式小结

从源代码的角度来看，代理模式有很多好处，例如，它让我们能够在程序运行期间替换某个接口的实现代码。这个模式不仅能够完全控制用户对实际对象的访问操作，而且还允许我们像范例 4.23 那样做惰性初始化。在需要替换实现代码或者需要通过中间方进行网络通信的场景中，代理模式让我们能够对相关的操作加以记录，并促使我们遵守接口隔离原则（ISP）以及其他几条 SOLID 原则。如果应用程序需要执行 I/O 操作，而这些操作的具体执行方式需要经常切换，那么可以考虑运用代理模式。

4.13 孪生模式——在 Java 语言中实现多重继承

孪生模式能够把经常放在一起使用的两种或多种对象结合起来，让我们在不支持多重继承（multiple inheritance）的编程语言里模拟出这个常见编程范式。

4.13.1 动机

孪生模式用在 Java 这种缺乏多重继承机制的编程语言里模拟该机制。多重继承不受 Java 支持，因为这有可能导致菱形继承问题（diamond problem，也称为钻石形继承问题），从而令编译器陷入困惑。这个问题的意思是：某个类同时继承自两个超类，而这两个超类又继承自同一个类，于是编译器可能无法应对这一局面。由于编译器缺乏必要的信息，因此在面对底层的这个类时，它有可能不知道应该沿着哪条路径（或者说，不知道沿着中层的那两个类里的哪一个类）来继承上层的那个类所定义的方法与字段。如果在底层的这个类上调用某个方法，那么编译器会因为缺乏必要的信息，而不清楚它究竟应该执行从哪一个类里继承下来的方法。

4.13.2 范例代码

由于 Java 平台本身不支持多重继承，因此这个编程范式在实际开发工作中用得很少。基于这些原因，在已经发行的 JDK 里恐怕很难找到这一模式。但我们还是可以设想一种场景，帮助大家更好地理解该模式。以车辆的初始化过程为例，在该过程中，发动机与制动器必须一起初始化。换句话说，如果用户要求初始化发动机，那么程序必须同时初始化制动器，反过来也一样，如果用户要求初始化制动器，那么程序必须同时初始化发动机（参见范例 4.24）。

范例 4.24 用孪生模式确保两个同时使用的组件总能同时得到初始化

```
public static void main(String[] args) {
    System.out.println("Pattern Twin, vehicle
        initiation sequence");

    var vehicleBrakes1  = new VehicleBrakes();
    var vehicleEngine1 = new VehicleEngine();
    vehicleBrakes1.setEngine(vehicleEngine1);
    vehicleEngine1.setBrakes(vehicleBrakes1);

    vehicleEngine1.init();
}
```

程序输出结果如下：

```
Pattern Twin, vehicle initiation sequence
AbstractVehiclePart, constructor
AbstractVehiclePart, constructor
VehicleBrakes, initiated
VehicleEngine, initiated
```

图 4.12 演示了发动机与制动器这两个部件之间的紧密耦合关系。

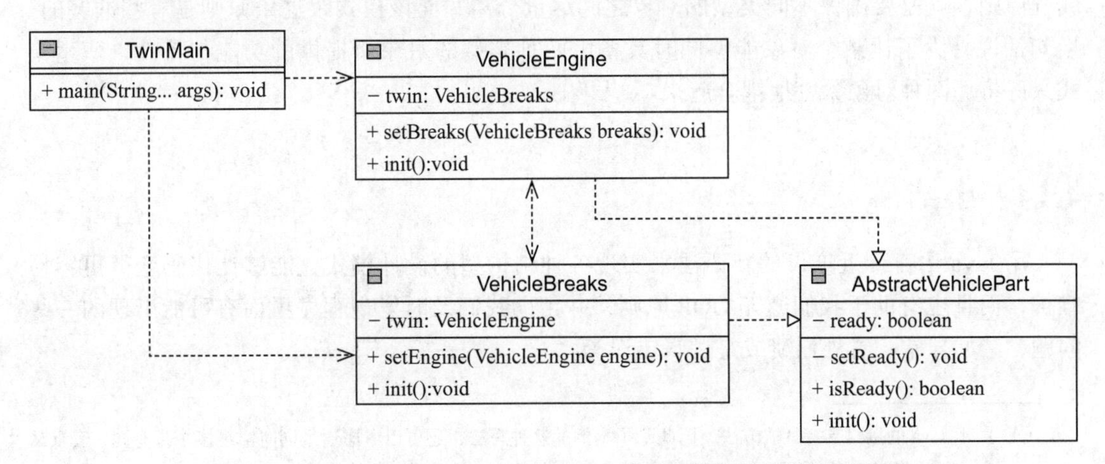

图 4.12 VehicleEngine 与 VehicleBreaks 这两个部件耦合得相当紧密

这种紧密的耦合关系导致我们写出来的代码很难在以后被轻松地扩展（参见范例 4.25）。

范例 4.25 我们所实现的 VehicleBreaks 类必然要跟那个同它一起运作的 VehicleEngine 类紧密地耦合起来

```
public class VehicleBreaks extends AbstractVehiclePart {

    private VehicleEngine twin;

    VehicleBreaks() {
    }

    void setEngine(VehicleEngine engine) {
        this.twin = engine;
    }

    @Override
    void init() {
        if (twin.isReady()) {
            setReady();
        } else {
            setReady();
            twin.init();
        }
        System.out.println("VehicleBreaks, initiated");
    }
}
```

4.13.3 模式小结

孪生模式能够在 Java 中模拟多重继承[⊖]。但这个模式必须明智地使用，因为有一条总的编程原则，就是要确保不同类型的对象之间尽量分离，而该模式跟这条原则是有些冲突的。换句话说，为了让某个对象能够同时具备由两种类型的对象所提供的功能与特性，孪生模式只好将那两种对象紧密地耦合起来。

4.14 小结

用 Java 语言最近增设的新语法来实现各种结构型的设计模式，能够让代码变得更容易维护，而且也有助于我们遵守 OOP 原则，并帮助我们及时发现程序里面有可能出现的一些问题，诸如异常、意外崩溃或是逻辑错误等。

⊖ 由于 Java 的接口支持默认方法，因此除了本例的这种写法，还可以考虑通过同时实现多个带有同一套默认方法的接口来模拟多重继承。——译者注通过这一章的范例，大家看到了怎样利用适配器模式让不兼容的对象彼此协作，还看到了怎样用桥接模式把对象的实现体系与抽象体系清晰地分隔开。接下来我们讲了组合模式，它能够依照底层业务逻辑把对象整理成树状的结构。然后，我们研究了如何通过修饰器模式扩充对象的功能。外观模式让客户能够更为便捷地与一整套对象交互，过滤器模式则能够让客户依照各条标准选出符合要求的实例。接着我们讲了怎样利用享元模式在程序运行期间复用已经创建好的实例，还讲了怎样利用前端控制器模式处理外界传入的信息，并且只对其中的有效请求做出响应。标记模式让程序代码能够用特定的方式来处理某一群特殊的对象。模块模式让我们能够把代码划分成不同的模块。最后，我们讲了如何利用代理模式让客户间接地访问到实际对象，同时又能把该对象的实现细节隐藏起来，以便随时替换。我们还讲了如何利用孪生模式在不支持多重继承的 Java 语言里模拟出这种效果。

学会了创建型与结构型设计模式，我们就能够很好地安排代码结构，令其有利于应用程序的后续开发。下一章将要讲解行为型设计模式，这些模式可以帮助我们理清目标实例之间的沟通过程以及各实例的职责。

4.15　习题

1. 结构型设计模式要解决的是什么问题？
2. 有哪些结构型设计模式出现在了 GoF《设计模式》一书中？
3. 哪种模式擅长把相关对象整理成树状结构？
4. 哪种结构型的设计模式能够用来标注某个对象在程序运行期间的身份？
5. 哪种设计模式让用户能够像直接访问目标对象那样通过某个中间对象间接地使用目标对象所提供的功能？
6. 哪种设计模式促使我们将逻辑体系（或者实现体系）与抽象体系分开？

4.16　参考资料

- *Design Patterns: Elements of Reusable Object-Oriented Software* by Erich Gamma, Richard Helm, Ralph Johnson, and John Vlissides, Addison-Wesley, 1995
- *Design Principles and Design Patterns* by Robert C. Martin, Object Mentor, 2000
- *JSR-376: Java Platform Module System*, `https://openjdk.java.net/projects/jigsaw/spec/`
- *JSR-408: Simple Web Server*, `https://openjdk.org/jeps/408`
- *Clean Code* by Robert C. Martin, Pearson Education, Inc, 2009
- *Effective Java – Third edition* by Joshua Bloch, Addison-Wesley, 2018
- *Twin – A Design Pattern for Modelling Multiple Inheritance*, Hanspeter Mössenböck, University of Linz, Institute for System Software, 1999, `https://ssw.jku.at/Research/Papers/Moe99/Paper.pdf`

Chapter 5 第5章

行为型设计模式

在软件开发行业所关注的问题中特别重要的一个是如何让代码易于维护，但我们不应该只关注这一个问题，而忽视其他问题。除了代码是否便于维护，我们还要考虑代码的行为是否良好，是否能够合理运用物理内存与虚拟内存。采用行为型设计模式的主要动机是让对象之间能够清晰地通信，或者说，让这些对象在通信过程中能够更有效地分配并使用内存。行为型设计模式能够让通信过程更加灵活，并且让某一个对象或者某一群相互交换信息的对象能够更好地完成任务。有一些结构型设计模式似乎跟行为型设计模式很像，然而大家稍后就会看到这两大类模式在目标上还是略有区别的。

学完本章，你将能很好地理解程序的行为，并知道如何提高程序利用资源的效率，而且还能在设计这些行为的过程中提醒自己遵守 SOLID 设计原则。

5.1 技术准备

本章的代码文件可以在本书的 GitHub 仓库里找到，网址为 `https://github.com/PacktPublishing/Practical-Design-Patterns-for-Java-Developers/tree/main/Chapter05`。

5.2 缓存模式——降低程序开销

缓存模式不在传统的 GoF 设计模式之中。但由于我们在开发程序时总是需要降低程序所占用的资源量，因此会经常使用这个模式，这也让该模式变得越来越重要。

5.2.1　动机

缓存模式用来支持资源复用。它让程序无须在使用对象时当场创建新对象，而是可以复用缓存中已有的对象。这个模式会把受访较为频繁的数据放在某种访问速度较快的存储区里，以提升程序的效率。从缓存中读取数据要比当场创建一个新的实体更为迅速，因为前者是个相对来说较为简单的操作。

5.2.2　该模式在 JDK 中的运用

在 java.base 模块的 java.lang 包里，有一些针对原始类型而设的包装器类。例如，这里有针对 double、float、int、byte 与 char 类型而设的 Double、Float、Integer、Byte 与 Character 等类，这些类各自带有名为 valueOf 的方法，该方法采用的就是缓存模式，它把频繁用到的值缓存起来，以降低程序占据的内存并提升程序运行效率。

5.2.3　范例代码

我们设想有下面这样一套管理车辆（即 Vehicle）对象中各个系统的缓存机制。车辆并不直接持有这些系统，而是通过缓存机制（即 `SystemCache`）来持有，`SystemCache` 会把指向各个系统的引用保存在自己这里，这些系统分别对应于车辆中的相关部件，它们都实现了通用的 VehicleSystem 接口（参见图 5.1）。

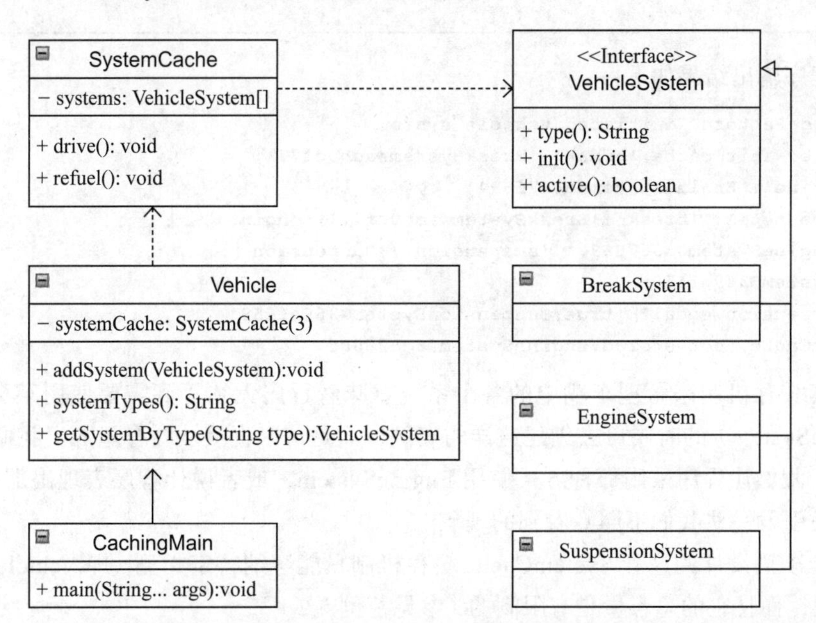

图 5.1　用 UML 类图来演示如何利用缓存机制管理车辆中的各个 VehicleSystem 系统

之所以能够采用这样的架构来设计，是因为我们已经把车辆之中应该拥有哪几种系统这一问题提前定义好了，而且每种系统都只装配一份，一旦装上去，就不再变动。如果程序请求获取车辆中的某个系统，那么它获取到的肯定是我们早前纳入缓存中的相关对象，而不会是程序当场创建出来的新对象。另外，这样设计还确保我们能够管控这些系统的存储过程（参见范例 5.1）。

范例 5.1　缓存模式确保程序从缓存中获取某个资源并对资源的存储施加控制

```
public static void main(String[] args) {
    System.out.println("Caching Pattern, initiated vehicle
        system");
    var vehicle = new Vehicle();
    vehicle.init();
    var suspension = new SuspensionSystem("suspension");
    vehicle.addSystem(suspension);
    System.out.printf("Systems types:'%s%n",
        vehicle.systemTypes());

    var suspensionCache =
        vehicle.getSystemByType("suspension");
    System.out.printf("Is suspension equal? '%s:%s'%n",
        suspension.equals(suspensionCache),
            suspensionCache);
    vehicle.addSystem(new EngineSystem("engine2"));
}
```

这个程序输出结果如下：

```
Caching Pattern, initiated vehicle system
Vehicle, init cache:'break':'BreakSystem@adb0cf77',
  'engine':'EngineSystem@a0675694'
Systems types:''break':'BreakSystem@adb0cf77','engine'
  :'EngineSystem@a0675694','suspension':'Suspension
    System@369ef459'
Is suspension equal? 'true:SuspensionSystem@369ef459'
SystemCache, not stored:EngineSystem@6c828066
```

用这套缓存机制来管理车辆中的各个系统意味着程序无须等到需要使用某个系统（例如，EngineSystem）的时候再去创建这样的实例，而是可以直接从缓存里取出我们早前配置好的实例。假如让程序采用那种方式使用 EngineSystem，或者说让程序表现出那样的行为，那么很容易引发一些我们不愿意看到的现象。

我们给车辆设计的这套 SystemCache 缓存机制只能容纳特定类型（即 VehicleSystem 类型）的实例，而且它的总容量是有限制的（参见范例 5.2）。

范例 5.2　SystemCache 缓存机制提供一些特性来确保程序稳定运行，并施加其他一些限制

```
class SystemCache {
    private final VehicleSystem[] systems;
```

```
    private int end;

...
    boolean addSystem(VehicleSystem system) {
        var availableSystem = getSystem(system.type());
        if (availableSystem == null && end <
            systems.length) {
            systems[end++] = system;
            return true;
        }
        return false;
    }
    VehicleSystem getSystem(String type) {…}

     ...
}
```

5.2.4　模式小结

由图 5.1 可见，缓存模式实现起来比较简单。如果用户需要频繁访问的是同一套元素，那么更应该考虑引入该模式，因为这有助于提升程序的效率。

缓存中的一些元素有可能要负责改变程序的行为。所以下一节，我们将介绍一个能够对处理程序行为的代码加以管理的模式。

5.3　责任链模式——清晰而灵活地处理事件

责任链模式能够让事件处理器的逻辑与触发该事件的发送者（sender）不要绑定得过于紧密。在 GoF 的《设计模式》一书中也讲解了这个模式。

5.3.1　动机

程序在运行过程中，会收到由某段代码所触发的事件。而相互之间形成链条的这一系列事件处理器（event handler，简称 handler，又名事件处理程序）则会依次应对该事件。每个事件处理器都可以处理这个请求，也可以决定不对该请求做出回应，并将其传给链条中的下一个事件处理器。在实现这个模式时，可以用命令对象（command object）来表示这些事件处理器所要处理的事件。这样的话，某些事件处理器还能充当事件调度器（event dispatcher），将命令朝着不同的方向发送，从而在程序中形成一棵负责处理该命令的责任树（responsibility tree）。

责任链模式让我们能够打造一套链式的处理结构，以便在调用链条中的下一个事件处理器之前或之后执行某个特定的动作。

5.3.2 该模式在 JDK 中的运用

在 java.logging 模块里有个名为 java.util.logging 的包，这个包中含有 Logger 类，用来记录应用程序中的各组件所发出的消息。这些 Logger 能够形成链条，使得某个日志信息可以沿着链条往下传递，一直传递到应该处理此信息的那个 Logger 实例那里。

在 JDK 里还有一个地方也出现了责任链模式，这就是 DirectoryStream 接口，它位于 java.base 模块的 java.nio.file 包里。这个接口让我们能够迭代某个目录体系，它里面还有个嵌套接口叫作 DirectoryStream.Filter，用来把不符合我们要求的目录项过滤掉。这个接口定义了 accept 方法，若该方法返回 true，则意味着目录中的这个项目应该接受；若返回 false，则意味着应该过滤掉。我们可以把多个 Filter 串成链条，如果前面的 Filter 无法决定是应该接受还是应该过滤，则将其交给下一个 Filter 决定。

5.3.3 范例代码

我们举一个例子，看看怎样通过责任链模式让车辆中的各个系统依次回应由开头的 DriverSystem 所触发的事件（参见范例 5.3）。

范例 5.3 DriverSystem 所触发的 powerOn 事件会依次播发给责任链中的其他系统

```
System.out.println("Pattern Chain of Responsibility, vehicle
  system initialisation");
var engineSystem = new EngineSystem();
var driverSystem = new DriverSystem();
var transmissionSystem = new TransmissionSystem();

driverSystem.setNext(transmissionSystem);
transmissionSystem.setNext(engineSystem);

driverSystem.powerOn();
```

这个程序输出结果如下：

```
Pattern Chain of Responsibility, vehicle system initialisation
DriverSystem: activated
TransmissionSystem: activated
EngineSystem, activated
```

车辆中的这些系统很容易就能串起来，而且每个系统的逻辑都能够很好地予以封装。我们定义抽象的 VehicleSystem 类，以描述这些系统均应支持的一套功能，每个具体的系统都必须实现这些功能。另外，这个抽象类还规定了每个系统应该如何跟链条中的下一个系统相连（参见范例 5.4）。

范例 5.4 Java 的密封类机制让这个模式更加稳固且更易管控

```
sealed abstract class VehicleSystem permits DriverSystem,
    EngineSystem, TransmissionSystem {
```

```
    ...
    protected VehicleSystem nextSystem;
    protected boolean active;

        ...
    void setNext(VehicleSystem system){
        this.nextSystem = system;
    }

    void powerOn(){
        if(!this.active){
            activate();
        }
        if(nextSystem != null){
            nextSystem.powerOn();
        }
    }
}
```

我们实现的这个范例给用户提供了一个框架，让用户可以通过该框架了解程序里有哪些系统能够串成责任链，并且知道如何让这些系统前后相连（参见图 5.2）。

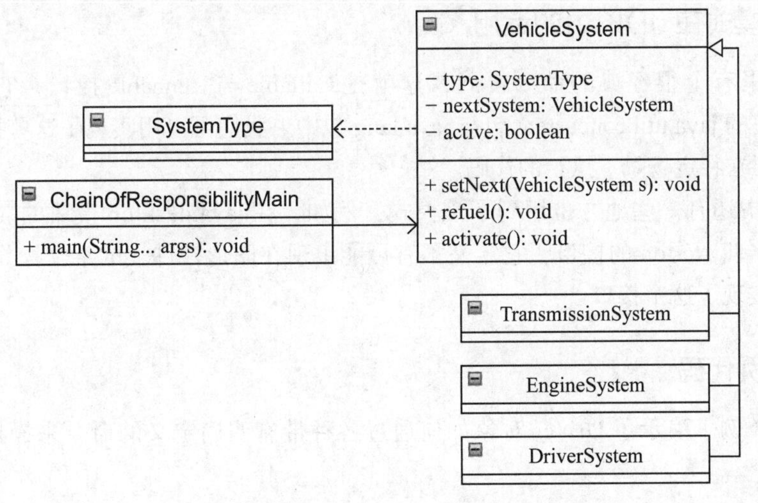

图 5.2 用 UML 类图来演示能够参与处理 powerOn 事件的各种 VehicleSystem 系统

5.3.4 模式小结

责任链模式让用户能够创建多个事件处理器对象，以处理程序里某个有可能影响其行为的事件。这些事件处理器对象能够适当地封装，而且彼此的逻辑互不干扰，这也符合 SOLID 设计原则。有了这个模式，用户就可以动态地决定某事件应由哪些事件处理器来处理了。因此，在实现安全框架或与之类似的框架时，很值得考虑该模式。

这些串成链条的事件处理器对象能够在程序运行期间发出多个命令。因此，下面将讲解一个与命令有关的模式。

5.4 命令模式——把信息转化成相应的动作

命令模式有时又称为动作模式。它把已经触发的事件封装成一个对象，令用户能够针对该对象做出行动。业界很早就发现了这个模式，它也是经典的 GoF 设计模式之一。

5.4.1 动机

命令模式规定了一套命令接口，使得程序能够在收到某个事件时通过该接口执行相应的动作。我们可以给命令对象设计各种参数，以详细描述某种有待执行的动作。命令对象还能够包含回调函数（callback function），以便在发生某个事件时，通知关注此事件的其他各方。有时你可以把命令对象理解成一种以面向对象的方式实现回调函数的手段。每一个新创建出来的命令对象，其详细情况可能都不一样，因为这要根据引发该命令的事件来决定。用户可以按照预先编排好的一套方案来回应命令对象。

5.4.2 该模式在 JDK 中的运用

在 JDK 里有个很经典的命令模式，这就是 Callable 与 Runnable 接口，它们分别位于 java.base 模块的 java.util.concurrent 包与 java.lang 包中。我们可以用实现了这些接口的类来安排某一段需要在特定场景下执行的代码。

在 JDK 中还有一些地方也用到了该模式，例如，在 java.desktop 模块的 javax.swing 包里，有一个名叫 Action 的接口，它定义了有可能出现在图形控件上的某个操作，在 Java 里有许多类都实现了这个接口。

5.4.3 范例代码

下面这个例子演示了 Driver 对象如何通过各种带有明确定义的命令来操控车辆（参见范例 5.5）。

范例 5.5 Driver 实例把程序里出现的 start 与 stop 事件转化成相应动作并予以执行

```
public static void main(String[] args) {
    System.out.println("Pattern Command, turn on/off
        vehicle");
    var vehicle = new Vehicle("sport-car");
    var driver = new Driver();
    driver.addCommand(new StartCommand(vehicle));
    driver.addCommand(new StopCommand(vehicle));
    driver.addCommand(new StartCommand(vehicle));
```

```
    driver.executeCommands("start_stop");
}
```

程序输出结果如下：

```
Pattern Command, turn on/off vehicle
START:Vehicle{type='sport-car', running=true}
STOP:Vehicle{type='sport-car', running=false}
START:Vehicle{type='sport-car', running=true}
```

这些用来表示动作的命令对象都经过适当封装，而且还能包含一些与客户代码相交互的逻辑，或是能够自行决定具体的执行步骤（参见范例 5.6）。

范例 5.6　用 Java 语言的 sealed 机制强化命令模式的设计理念

```
sealed interface VehicleCommand permits StartCommand,
    StopCommand {
    void process(String command);
}
record StartCommand(Vehicle vehicle) implements
    VehicleCommand {
    @Override
    public void process(String command) {
        if(command.contains("start")){ ... }
    }
}
```

统领各种具体命令的这个 VehicleCommand 体系能够在我们逐渐完善 Driver 功能的过程中方便地扩展（参见图 5.3）。

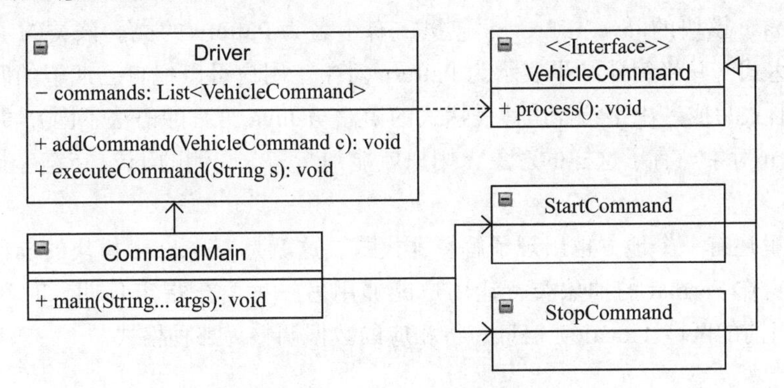

图 5.3　用 UML 类图来演示 Driver 对象所能接受并执行的各种命令

5.4.4　模式小结

我们通过一个简单的范例（参见图 5.3）演示了命令模式的作用。在该模式中，表示命令的这些类能够把命令本身跟程序中的其他逻辑区分开，而且能再包含一些对自身有用的信息。每个命令对象都有自己的生命期，我们很容易就能用这样的对象实现出回调函数，从而在执行该命令的过程中触发另外的事件。

用 Java 代码的形式把我们的意思写成命令，有时可能比较烦琐。下一节将介绍另一个模式，让程序能够轻松解读用户以其他形式所写的词句。

5.5 解释器模式——赋予上下文意义

解释器模式能够把用另一种语言所写的字符序列解读成本语言中应有的动作。这个模式出现得比较早，因为很久以前就有人需要把 SQL 形式的语句解释成其他编程语言中的动作，该模式属于经典的 GoF 设计模式。

5.5.1 动机

解释器模式定义两种对象来表示字符序列（也就是用户以另一种语言所写的词句）之中的两种构件。一种对象表示的是末端操作（也就是不用再细分的操作），另一种表示非末端操作（也就是还需要继续拆分的操作）。解释器模式会把某个字符序列解释成由这两种对象所形成的一种结构。这些对象所表示的操作分别与用户所使用的那种语言中的某些语法相对应。解释器模式将用户以另一种语言所写的一个句子（也就是一个字符序列）构造成由这两种对象形成的语法树（syntactic tree），并据此来解读那个句子的意思，把它用当前这种编程语言表达出来（这样的语法树可以用组合模式来构造）。

5.5.2 该模式在 JDK 中的运用

在 java.base 模块的 java.util.regex 包里，有个名为 Pattern 的类。该类的工具方法能够编译正则表达式，并将编译结果表示为 Pattern 对象。用户可以把自己期望的匹配规则以正则表达式的形式写成一串字符（这种表达式的语法与 Java 语言的语法不同），并将这串字符编译成 Pattern 对象。有了这样的对象，用户就能判断某个受测的 Java 字符串是否与这条规则相匹配。

在 JDK 里还有一个地方也出现了解释器模式，这就是 java.base 模块的 java.text 包。这个包里有个叫作 Format 的抽象类，让用户能够用另一种语法指定日期、时间与数字等格式，并根据当前的区域（locale）信息，将相应的数据调整为那种格式。

5.5.3 范例代码

我们来定义一种简单的数学公式语言，并利用解释器模式把用户以这种语言所写的公式放在 Java 环境里执行。这样的公式包含数字与运算符，其中的数字表示各个传感器的读数，运算符则表示这些读数与最终结果之间的关系（例如，提高了还是降低了最终的结果）。我们的范例代码会解读这样的公式，并把最终结果计算出来（参见范例 5.7）。

范例 5.7　解释器模式能够把字符串形式的数学公式里的各个部分转化成相应的 Expression 型对象

```
public static void main(String[] args) {
    System.out.println("Pattern Interpreter, sensors
        value");
    var stack = new Stack<Expression>();
    var formula = "1 - 3 + 100 + 1";
    var parsedFormula = formula.split(" ");

    var index = 0;
    while (index < parsedFormula.length ){
        var text = parsedFormula[index++];
        if(isOperator(text)){
            var leftExp = stack.pop();
            var rightText = parsedFormula[index++];
            var rightEpx = new IntegerExpression
                (rightText);
            var operatorExp = getEvaluationExpression(text,
                left, right);
            stack.push(operatorExp);
        } else {
            var exp = new IntegerExpression(text);
            stack.push(exp);
        }
    }
    System.out.println("Formula result: " +
        stack.pop().interpret());
}
```

程序输出结果如下：

```
Pattern Interpreter, math formula evaluation
Formula result: 99
```

该模式的基本元件是这个用来表示数学公式里各个单元的 Expression 接口，以及该接口的 interpret 方法。程序会按照从左至右的顺序解析 1−3+100+1 这一公式，并在解析过程中对已经解析出来的这部分内容求值，等解析完公式中的最后一个部件（也就是解析完公式最后的 1），栈里剩下的那个元素就是整个公式的最终结果。由于公式里的每一个单元都封装成了相应的 Expression 子类型，因此这个解释器模式能够方便地予以扩展（参见图 5.4）。

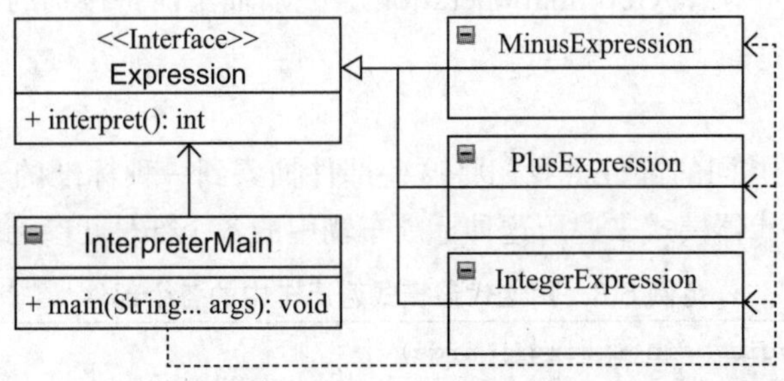

图 5.4　用 UML 类图演示程序在解析数学公式并求值的过程中所使用的各种部件

5.5.4 模式小结

解释器模式是一个很强大的设计模式，它让用户可以用另一种形式的文本来书写命令，并把用户所写的命令解读成当前这种编程语言里的相应构件。这个模式让设计者能够把那种语言里的相应单元跟当前这种编程语言中的相关元件在语法上对应起来，并将这些元件表示成一套体系（例如，本例中的Expression体系）。这样的话，这套体系就很容易扩展，甚至能够在程序运行期间动态地变化。

下一节将介绍另一个模式，可以用来遍历某一系列对象。

5.6 迭代器模式——检查所有元素

迭代器模式可以抽象成一个指向当前位置的光标或指针。由于数组很早就成为一种常用的数据结构，而我们在处理这种结构时经常需要管理当前处理到的位置，因此业界很快就提出了迭代器模式。它也是《设计模式》一书中的一个关键模式。

5.6.1 动机

迭代器模式让我们能够向用户提供一种清晰的遍历方式，以供其遍历某一系列的对象，同时又不需要公布或暴露这些对象的内部细节。用户可以使用迭代函数从一个元素移动到下一个元素。

5.6.2 该模式在 JDK 中的运用

在java.base模块中有好几个地方实现了迭代器模式。第一个地方位于Java集合框架里，也就是java.util包中。这个包的Iterator接口用的是迭代器模式，该接口让用户能够遍历某集合内的各个元素，而不用知晓这些元素具体属于哪种类型，也无须关注它们究竟放在什么样的集合里面。

还有一个地方是BaseStream接口以及该接口的iterator方法。这个接口与Iterator接口都在java.base模块里，但是所属的包与前者不同，它位于java.util.stream包，也就是提供Stream API的那个包中。该接口的iterator方法提供一个迭代器，用来遍历Stream中的各个元素，这是一个最终操作（terminal operation），它后面不能拼接别的Stream操作。

5.6.3 范例代码

每种车都有一些共同的部件，我们将这些部件抽象到一种标准的车辆中。下面这个例子演示了如何使用迭代器模式来遍历这种标准车辆中的各个部件（参见范例5.8）。

范例5.8 用迭代器模式遍历车中的各个部件

```
public static void main(String[] args) {
    System.out.println("Iterator Pattern, vehicle parts");
```

```
    var standardVehicle = new StandardVehicle();
    for(PartsIterator part = standardVehicle.getParts();
        part.hasNext();){
        var vehiclePart = part.next();
        System.out.println("VehiclePart name:" +
            vehiclePart.name());
    }
}
```

程序输出结果如下：

```
Iterator Pattern, vehicle parts
VehiclePart name:engine
VehiclePart name:breaks
VehiclePart name:navigation
```

表示车辆的Vehicle接口定义了一个用来获取迭代器的getParts方法，该方法返回下面这样一种迭代器，使得用户能够通过该迭代器遍历车辆中的各个部件（参见范例5.9）。

范例5.9　程序可以用不同的方法来实现迭代器

```
interface PartsIterator {
    boolean hasNext();
    VehiclePart next();
}
```

无论怎么实现该迭代器，用户都可以通过PartsIterator接口的next方法逐个处理车辆中的各个部件。我们这里采用的办法是在具体的车辆类（也就是表示标准车辆的StandardVehicle类）里设计名为VehiclePartsIterator的嵌套类，让这个嵌套类实现PartsIterator迭代器接口（参见范例5.10）。

范例5.10　在具体的车辆类里以嵌套类的形式实现通用的PartsIterator迭代器接口

```
sealed interface Vehicle permits StandardVehicle {
    PartsIterator getParts();
}

final class StandardVehicle implements Vehicle {

    private final String[] vehiclePartsNames = {"engine",
        "breaks", "navigation"};

    private class VehiclePartsIterator implements
        PartsIterator {

        ...
    }

    @Override
```

```
    public PartsIterator getParts() {
        return new VehiclePartsIterator();
    }
}
```

范例程序给用户提供了一种清晰而方便的迭代方式，并且定义了一个易于扩展的框架，让我们以后能够在车辆里轻松地添加其他一些部件（这些部件可以是 VehiclePart 类型，也可以是其子类），用户无须大幅修改代码，即可遍历并处理我们新添加的部件（参见图 5.5）。

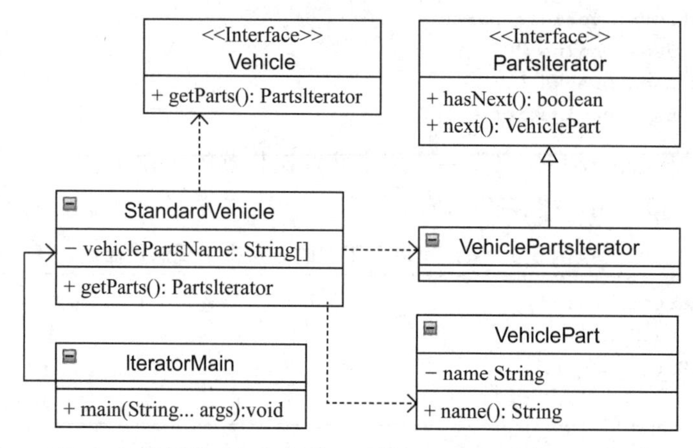

图 5.5 用 UML 类图演示如何提供一种能够遍历车辆中各个部件的迭代器

5.6.4 模式小结

迭代器模式的强大之处在于，它能够以一种相当通用的方式来实现，让用户不用关注需要迭代的这些元素具体是什么类型。用户只需使用迭代器来遍历这些元素就好，而无须关注这些元素在程序里究竟是用什么样的方式来表示的。把迭代器与另一种模式（参见 5.13 节）相结合，我们能够在程序运行期间当场切换策略，或者只处理特定种类的元素。

下一节将介绍一个能让某些类型的元素在程序运行期间彼此通信的模式。

5.7 中介者模式——让对象之间更好地交换信息

在面对不同类型的多个应用程序时，经常遇到需要对这些客户程序之间的通信进行管理的情况，因为只有这样，才能让它们适当地交换信息，以维系某个处理流程。中介者模式也是一个很早就出现的模式，它同样属于经典的 GoF 设计模式。

5.7.1 动机

中介者模式里的中介者说的是一个充当中间人的对象，该对象定义了某一组对象之间的交互方式。中介者使得这一组对象里的任何一个对象都能够与本组的其他对象沟通。用户可以通过该模式提供的中介机制明确地指定自己想要跟哪个对象通信。由于这些对象都通过中介者来沟通，因此这样的沟通行为可以由中介者加以调节并管理。

5.7.2　该模式在 JDK 中的运用

这个模式在 JDK 里出现的地方可能不太容易立刻想到，但仔细找一下，还是很容易发现的，例如，java.base 模块的 java.util.concurrent 包。这个包的 ExecutorService 类有个 submit 方法，用来提交某项有待执行的任务。该类型的父类 Executor 提供了 execute 方法，用来执行某项任务。这些方法接受一个代表任务的参数，该参数的类型是某种实现了 Callable 或 Runnable 接口的类型。前面讲解命令模式的时候，说过这两个接口，我们可以通过这样的接口，以命令的形式来表示需要执行的任务。

5.7.3　范例代码

下面这个例子与书中的其他例子相比，可能过于简单。但这个例子的主要用意只是想强调如何通过中介者模式实现一个处理程序（processor），让它调控车辆中各个传感器之间的通信行为，所以不用写得太长（参见范例 5.11）。

范例 5.11　传感器之间的通信由 VehicleProcessor 处理

```
record Sensor(String name) {
    void emitMessage(String message) {
        VehicleProcessor.acceptMessage(name, message);
    }
}
public static void main(String[] args) {
    System.out.println("Mediator Pattern, vehicle parts");
    var engineSensor = new Sensor("engine");
    var breakSensor = new Sensor("break");

    engineSensor.emitMessage("turn on");
    breakSensor.emitMessage("init");

}
```

程序输出结果如下：

```
Mediator Pattern, vehicle parts
Sensor:'engine', delivered message:'turn on'
Sensor:'break', delivered message:'init'
```

这个例子的核心部件是 VehicleProcessor，它负责接收各个传感器发出的信息，并对其做出回应（参见图 5.6）。

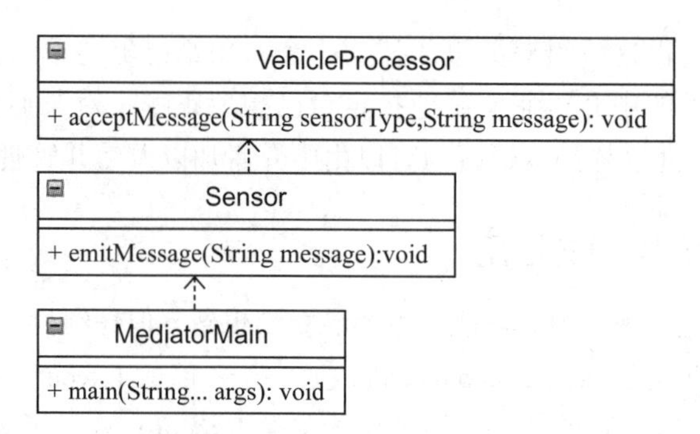

图 5.6 用 UML 类图来演示各个传感器如何通过 VehicleProcessor 进行通信

5.7.4 模式小结

中介者模式把各种对象之间的复杂通信行为切割开，让这些对象不再直接通信，而是通过这个中介者来通信。这样的话，参与通信的对象就能够在程序运行过程中随时变化。该模式提供一种封装与解耦方案，使得需要相互通信的各方通过中介者完成彼此的沟通。

对象之间的通信可能导致对象的状态发生变化。下一节，我们将介绍一个能够记录并恢复状态的模式。

5.8 备忘录模式——把对象恢复到应有的状态

有的时候，我们可能要保存与对象状态有关的少量信息，以便将来把该对象恢复到它应有的状态。备忘录模式所提供的正是这个功能，它属于经典的 GoF 设计模式。

5.8.1 动机

备忘录（memento）让我们在不破坏封装的前提下，捕获对象的内部状态并将其交给外界，使得外界稍后可以将该对象恢复到制作备忘录时的样子。这个模式向用户提供了一套功能，令其可以根据需求随时使用早前制作的备忘录，将对象恢复到想要的状态。

5.8.2 该模式在 JDK 中的运用

Date 类就是备忘录模式的典型范例，它位于 java.base 模块的 java.util 包中。你可以让该类的实例先指向某个特定的时间点，然后修改这个实例的状态，令其表示其他的时间点，最后再将其恢复到早前的那个时间点上（用 Date 表示日期与时间的时候，还可以根据历法和时区将同一个时刻表示成不同的形式）。

5.8.3 范例代码

我们以车里的空调为例。假设空调提供了多个挡位，用来调整驾驶室的温度，另外还提供记忆功能，让司机能够根据早前的某一份记录将挡位恢复到当时的状态（司机需要指出那份记录的序号），参见范例 5.12。

范例 5.12 司机能够随时将空调的状态制作成备忘录，并根据某份备忘录把空调恢复到当时的状态

```
public static void main(String[] args) {
    System.out.println("Memento Pattern, air-condition
        system");
    var originator = new AirConditionSystemOriginator();
    var careTaker = new AirConditionSystemCareTaker();

    originator.setState("low");
    var stateLow = originator.saveState(careTaker);
    originator.setState("medium");
    var stateMedium = originator.saveState(careTaker);
    originator.setState("high");
    var stateHigh = originator.saveState(careTaker);

    System.out.printf("""
            Current Air-Condition System state:'%s'%n""",
                originator.getState());

    originator.restoreState(careTaker.getMemento(stateLow));
    System.out.printf("""
            Restored position:'%d', Air-Condition System
                state:'%s'%n""", stateLow,
                    originator.getState());
}
```

程序输出结果如下：

```
Memento Pattern, air-condition system
Current Air-Condition System state:'high'
Restored position:'0', Air-Condition System state:'low'
```

AirConditionSystemCareTaker 类的实例在本例中扮演备忘录提供方（memento provider），也可以理解为备忘录管理器，它包含已经制作好的备忘录，并且通过 getMemento 方法向用户提供（参见范例 5.13）。

范例 5.13 每次保存状态都会形成一个标识码用于恢复对象状态

```
final class AirConditionSystemCareTaker {
    private final List<SystemMemento> memory = new
        ArrayList<>();
    ...
    int add(SystemMemento m) {... }

    SystemMemento getMemento(int i) {... }
}
```

AirConditionSystemOriginator 类的实例负责把对象的当前状态创建成备忘录，还负责根据某份备忘录恢复对象的状态。用户通过该类的 saveState 方法创建备忘录时，需要把它所返回的备忘录序号（也就是状态标识码）记住，因为稍后恢复状态时，需要通过这个序号从 AirConditionSystemCareTaker 里把相应的备忘录取出来，并交给 originator 的 restoreState 方法去执行恢复（参见范例 5.14）。

范例 5.14 AirConditionSystemOriginator 记录空调的状态，提供制作备忘录的功能，并把这份备忘录的序号返回给用户

```
final class AirConditionSystemOriginator {
    private String state;

    ...
    int saveState(AirConditionSystemCareTaker careTaker){
        return careTaker.add(new SystemMemento(state));
    }

    void restoreState(SystemMemento m){
        state = m.state();
    }
}
```

备忘录模式让用户能够通过备忘录机制方便地记录并恢复对象状态。这样的话，用户就不用手工创建其他一些用来记录状态的东西了（参见图 5.7）。

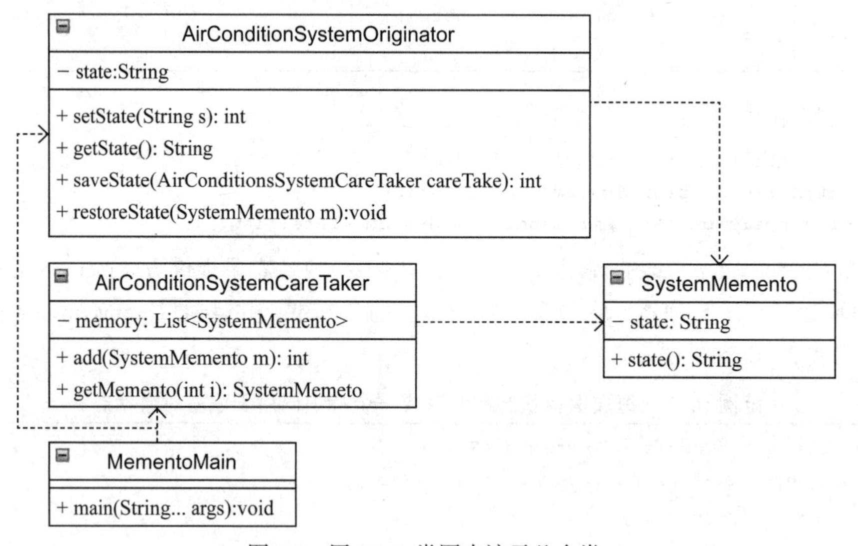

图 5.7 用 UML 类图来演示几个类

5.8.4 模式小结

备忘录模式能够帮助程序执行撤销（undo）操作，或者令其状态退回到早前的某个时间点。该模式让我们能够清晰地实现这些功能，并将不同的逻辑划分开，使得程序的代码更容易维护。

下一节将介绍另一个模式，用于确保程序在面对不存在的对象时，其行为不会陷入混乱。

5.9　空对象模式——避免空指针异常

空对象模式能够优雅地处理那些目标暂时还不明确的对象引用（也就是处理那些暂时还不知道应该指向哪个对象的引用），使得程序不会出现意外或者未定义的行为。

5.9.1　动机

要想表达某个对象暂不存在，除了直接使用 Java 语言的 null 机制，还可以考虑引入一种叫作空对象（null object）的模式。空对象本身其实也属于某个对象体系。这意味着，该对象所在的类型本身也会实现我们要求的某种接口，但这个类型在实现接口里的方法时，不让这些方法执行任何实际的操作。

与直接使用空引用（也就是将引用设为 null 或者说，让引用指向 null）相比，这样做的好处在于，空对象的行为是很容易预测的，而且没有副作用。另外，这样做还能让程序里不会出现空指针异常（NullPointerException）。

5.9.2　该模式在 JDK 中的运用

本书前面总是提到 java.base 模块里的 Java 集合框架，这个框架位于 java.util 包中，这个包里有一个名为 Collections 的工具类。该类包含一个私有的嵌套类，叫作 EmptyIterator，它用的就是空对象模式。这个 EmptyIterator 用来表示那种无元素可以提供的迭代器，如果你调用 Collections 工具类的 emptyIterator 工具方法，那么获取到的就是这样一个 EmptyIterator 类的对象。

还有一个例子位于 java.base 模块的 java.io 包中。这个包里有一个名为 InputStream 的抽象类，它定义了 nullInpuStream 静态方法，用以返回一种内容为 0 字节的输入流（或者说，返回一种没有内容可供读取的输入流）。

5.9.3　范例代码

下面我们举个例子详细说明空对象模式的用法。当今的车辆都含有数量极多的传感器。为了方便地管理这些传感器，我们不仅可以利用 Java 的 Stream API 机制对这些传感器做流水线式的处理，而且还可以定义一种空对象，让程序能够合理地应对某个传感器缺失的情况（参见范例 5.15）。

范例 5.15 如果用户想要获取的传感器不存在，那么程序会返回一个充当空对象的 NullSensor 实例

```
public static void main(String[] args) {
    System.out.println("Null Object Pattern, vehicle
        sensor");

    var engineSensor = VehicleSensorsProvider
        .getSenorByType("engine");
    var transmissionSensor = VehicleSensorsProvider
        .getSenorByType("transmission");
    System.out.println("Engine Sensor: " + engineSensor);
    System.out.println("Transmission Sensor: " +
        transmissionSensor);
}
```

程序输出结果如下：

```
Null Object Pattern, vehicle sensor
Engine Sensor: Sensor{type='engine'}
Transmission Sensor: Sensor{type='not_available'}
```

无论用户要求获取的传感器是否存在，VehicleSensorProvider 都会把某种对象（可能是真实的 VehicleSensor 型传感器，也可能是充当空对象的 NullSensor）当成 AbstractSensor 返回给用户，令其能够合理地操纵该对象（参见图 5.8）。

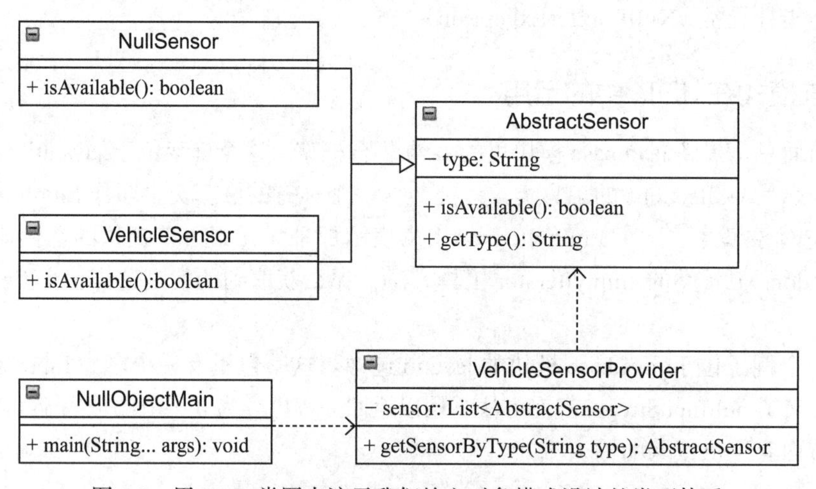

图 5.8 用 UML 类图来演示我们给空对象模式设计的类型体系

5.9.4 模式小结

通过这个范例我们可以看到，空对象模式不仅让代码更容易维护，而且还让程序在运行期间尽量不陷入意外的状态（例如，发生空指针异常）。

下一节将介绍一个模式，用来监测并解决程序陷入意外状态的情况。

5.10　观察者模式——让相关各方都得到通知

观察者模式有时也叫生产者–消费者模式（producer-customer pattern）。这也是一种在开发各类应用程序时都很常用的模式，因此同样属于经典的 GoF 设计模式。

5.10.1　动机

这个模式用来描述两种对象之间的直接联系。其中一种对象叫作生产者（producer，也称为受观察者，observee），同一个生产者可能对应于多个消费者（customer，也称为观察者，observer）。扮演消费者的这些对象有时又称为接收者（receiver）。如果受观察的对象改变了它的状态，那么所有已经注册的客户（也就是刚才提到的观察者）都会得到通知。换句话说，发生在受观察者身上的任何状态变化都会通知给观察者。

5.10.2　该模式在 JDK 中的运用

观察者模式也属于那种同时出现在多个 JDK 模块里的模式。其中一个地方是 java.base 模块的 java.util 包，这个包中含有名为 Observer 的接口。该接口已经弃用，但你依然可以发现有其他一些类型（例如，Observable 类）用到了它。

5.10.3　范例代码

我们以车辆里不同位置的温度控制为例来演示观察者模式的用法。假设有下面这样一个 VehicleSystem 系统，它每次变更其状态时都会通知相关各方，使得车中的各个地点（或者说，各个子系统）都能把各自的温度调整到与该状态相符的水平（参见范例 5.16）。

范例 5.16　每个子系统都会根据全局设置调整其自身的温度

```
public static void main(String[] args) {
    System.out.println("Observer Pattern, vehicle
        temperature senors");
    var temperatureControlSystem = new VehicleSystem();
    new CockpitObserver(temperatureControlSystem);
    new EngineObserver(temperatureControlSystem);

    temperatureControlSystem.setState("low");
}
```

程序输出结果如下：

```
Observer Pattern, vehicle temperature senors
CockpitObserver, temperature:'11'
EngineObserver, temperature:'4'
```

我们设计的这个 SystemObserver 抽象类，利用 Java 语言的密封机制来限定该程序所支持的观察者（或者说，限定该程序所支持的子系统）。另外，这个抽象类还提供一套基本的模板，让用户能够根据这套模板更为便捷地构建各个字系统（参见范例 5.17）。

范例 5.17 新添加的子系统必须按照我们设计的通用模板来编写，这样能够让代码更容易维护

```
sealed abstract class SystemObserver permits
    CockpitObserver, EngineObserver {
    protected final VehicleSystem system;
    public SystemObserver(VehicleSystem system) {
        this.system = system;
    }
    abstract void update();
}
```

每个子系统的实例都含有一个指向主系统（即 VehicleSystem）的引用，这些子系统在初始化的过程中会把自己注册成主系统的一个观察者，当主系统改变其状态（也就是切换其温度挡位时），这些子系统都会得到通知。于是，每个子系统就会按照自己在这一挡位下应该维持的温度来调整自身（参见图 5.9）。

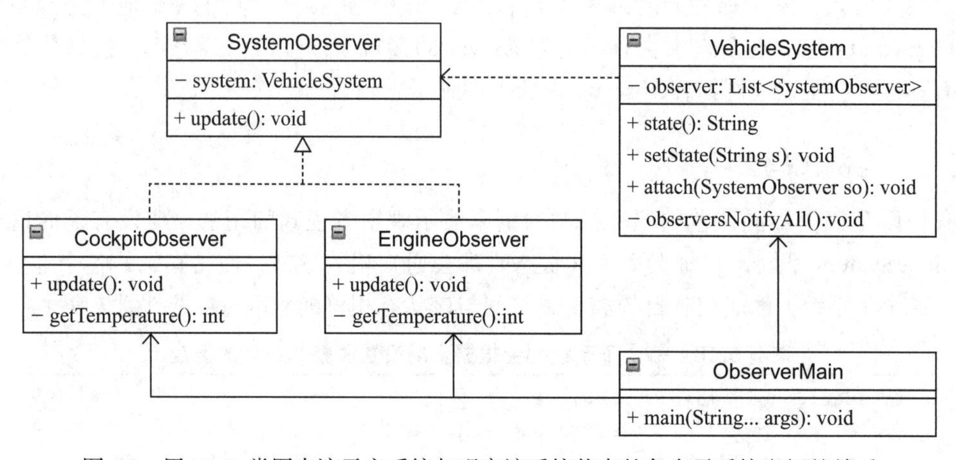

图 5.9 用 UML 类图来演示主系统与观察该系统状态的各个子系统之间的关系

5.10.4 模式小结

观察者模式也是一种强大的模式，它让相关各方都能得知系统的状态变化情况，而且无须关注或操纵系统的实现细节。该模式让我们能够在应用程序运行期间，通过观察者对象的逻辑对各种处理流程做出配置，并让这些观察者能够得到适当的封装，解耦观察者与受观察者的逻辑。

下一节将介绍另一个模式，用来管理相互接续的多条处理流程。

5.11 管道模式——处理实例阶段

管道模式能够帮助我们很好地管理相互接续的多个操作步骤。

5.11.1　动机

管道模式让我们能够更好地实现分阶段的数据处理，把上一个阶段的输出当成下一个阶段的输入，并这样一直延续下去。我们将这些阶段拼接成一条连续的管道，使得有待处理的元素能够进入这条管道，以接受各个阶段的处理。这种管道的工作原理与现实中的管道类似，每个阶段的输出都成为下一阶段的输入。实现管道模式的时候，我们可以用对象来表示构成管道的这些阶段，从而在相邻的两个处理阶段之间实现某种缓冲（buffering）。在管道中流动的这些信息（或者说，这些元素）通常可以视为一条由数据记录所构成的数据流。

5.11.2　该模式在 JDK 中的运用

管道模式最为明显的例子就是 Stream 接口以及该接口的各个实现类。这个接口是 Stream API 的一部分，这套 API 位于 java.base 模块的 java.util.stream 包中。

5.11.3　范例代码

假设每辆车都需要经过一系列处理步骤，我们用管道模式定义这些步骤，并将其按顺序拼接成一条管道。然后，我们初始化一个 SystemElement 容器，令其进入管道的起始端并沿着管道向下走，以收集各阶段的处理结果（参见范例 5.18）。

范例 5.18　每一个阶段的处理结果都会收集到最终的汇总记录里

```
public static void main(String[] args) {
    System.out.println("Pipeline Pattern, vehicle turn on
        states");
    var pipeline = new PipeElement<>(new EngineProcessor())
            .addProcessor(new BreakProcessor())
            .addProcessor(new TransmissionProcessor());

    var systemState = pipeline.process(new
        SystemElement());
    System.out.println(systemState.logSummary());
}
```

程序输出结果如下：

```
Pipeline Pattern, vehicle turn on states
engine-system,break-system,transmission-system
```

程序的基本部件是 PipeElement，这表示管道中的一段，或者说，表示整套处理流程中的一个步骤，每个这样的 PipeElement 都有其输入类型 E 与输出类型 R。此外，每个 PipeElement 都能够与下一段 PipeElement 相拼接，这让我们可以由此构建一条信息处理管道（参见范例 5.19）。

范例 5.19 addProcessor 方法让用户能够把下一段管道接在这一段的后面，使得信息先由这一段管道来处理，然后再流入下一段

```
class PipeElement<E extends Element, R extends Element> {
    private final Processor<E, R> processor;
   ...
    <O extends Element> PipeElement<E, O> addProcessor
        (Processor<R, O> p){
        return new PipeElement<>(input -> p.process
            (processor.process(input)));
    }

    R process(E inputElement){
        return processor.process(inputElement);
    }
}
```

每段管道都内含一个 Element 型的处理程序（processor)，这样的处理程序仅有一个方法，因而可以注解成 Java 语言的函数接口。各段管道的具体处理逻辑由相应的 Element 子类（例如，EngineProcessor、BreakProcessor 及 TransmissionProcessor）来实现，这些子类能够各自变化，而不会干扰管道的基本代码结构（参见图 5.10）。

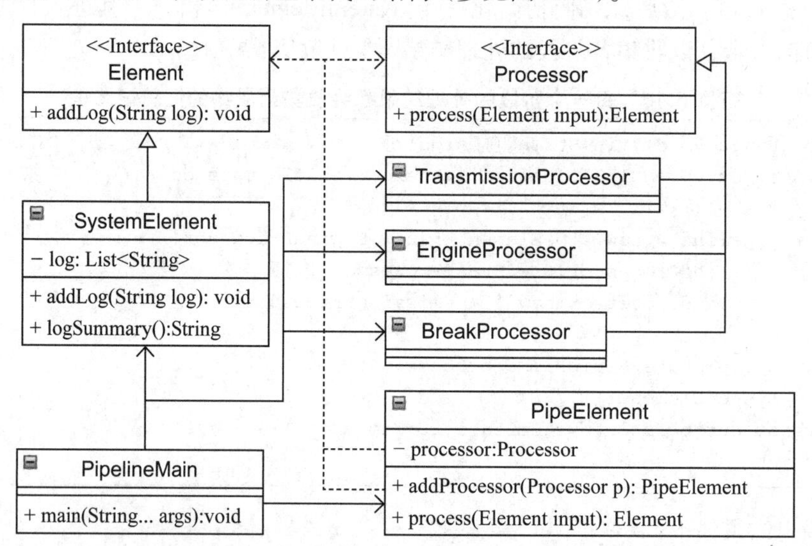

图 5.10 用 UML 类图来演示如何设计一套合理的类型体系以表示管道中的各个环节

5.11.4 模式小结

这个例子演示了把产生最终结果所需经历的各步骤划分成阶段会有什么样的好处。大家看到，管道模式让我们能够清晰地制作出工序复杂的操作流程，这样制作出的流程很容易测试，而且能够在程序运行期间动态地调整。

接下来我们将介绍下一个能让程序的组件合理地改变其状态的模式。

5.12 状态模式——变更对象的内部行为

状态模式定义一套流程，用来变更对象的内部状态，以影响该对象的内部行为。这个模式属于经典的 GoF 设计模式。

5.12.1 动机

对象的状态可以用有限状态机（finite state machine）这一概念来表示。状态模式使得对象能够合理地变更其内部状态，进而变更其内部行为。这个模式要求我们用特定的类来描述对象所处的某种内部状态，并让这些状态类的实例负责处理对象在各状态下所应表现出的行为。

5.12.2 该模式在 JDK 中的运用

JDK 在实现 jlink 插件的时候用到了状态模式，这个插件位于 jdk.jlink 模块的 jdk.tools.jlink.plugin 包中。这个包里有个名为 Plugin 的接口，用来描述 jlink 插件所应实现的功能，这个接口定义了一个名为 State 的嵌套枚举类，该类的各个枚举值与插件的各种状态相对应。

5.12.3 范例代码

举一个例子，假设车辆有各种状态，这些状态都由相应的状态类来表示（参见范例 5.20）。

范例 5.20 用相应的状态类清晰地封装车辆的各种状态，使得这些逻辑与操控车辆的用户代码相分离

```
public static void main(String[] args) {
    System.out.println("State Pattern, vehicle turn on
        states");
    ...
    var initState = new InitState();
    var startState = new StartState();
    var stopState = new StopState();

    vehicle.setState(initState);
    System.out.println("Vehicle state2:" +
        vehicle.getState());
    vehicle.setState(startState);
    System.out.println("Vehicle state3:" +
        vehicle.getState());
    vehicle.setState(stopState);
    System.out.println("Vehicle state4:" +
        vehicle.getState());

}
```

程序输出结果如下：

```
State Pattern, vehicle turn on states
Vehicle state2:InitState{vehicle=truck}
Vehicle state3:StartState{vehicle=truck}
Vehicle state4:StopState{vehicle=truck}
```

这样设计使得 Vehicle 的每种状态都能各自演化，而且这些状态均得到适当封装，它们的代码与操控车辆的用户代码是彼此分离的（参见图 5.11）。

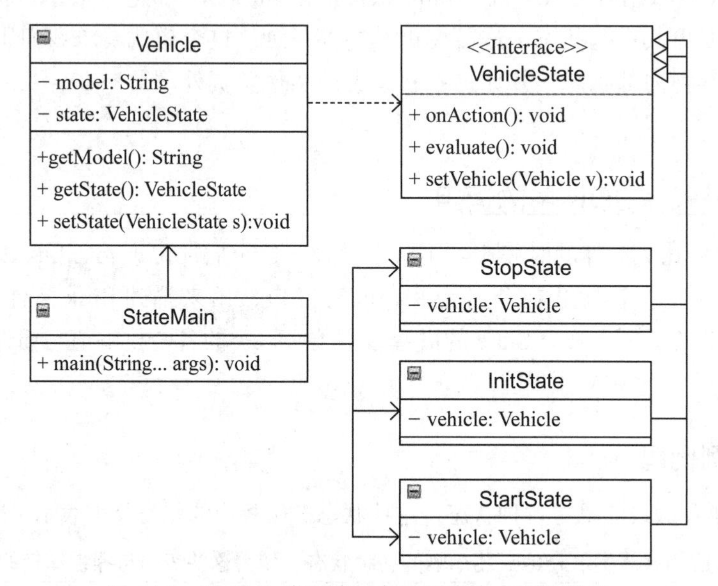

图 5.11 用 UML 类图演示各种状态类之间的关系

5.12.4 模式小结

状态模式让我们看到用具体的类来表示对象的各种状态会有哪些好处。这样做使得程序更容易测试，也让底层代码变得比原来更加容易维护，因为每一种状态都清晰地封装成了对应的状态类，这些类都符合 SOLID 设计理念中的单一责任原则（SRP）。有了这样的设计，用户就能够便捷地发出状态切换命令，而不用再手工编写代码来处理与之相关的异常了。

对象的内部状态除了影响该对象在此状态下的内部运作方式，还有可能让程序的外在行为，以及其他对象与该对象之间的交互方式发生变化。下一节将讲解另一个模式，用来切换对象的行为。

5.13 策略模式——切换对象的行为

策略模式有时又称为政策模式（policy pattern），因为它会精确描述对象在某种情况或状态下，应该采用什么样的步骤执行操作。这个模式也属于经典的 GoF 设计模式。

5.13.1　动机

策略模式由一系列算法构成，这些算法都经过了适当的封装。该模式使得某个对象能够选用不同的算法回应用户的需求。这样设计令这些算法能够各自进化，而且不会影响到客户代码。另外，这也使得用户能够当场指定最适合目前状况的一种算法。换句话说，这个模式让用户能够在表示各种算法的策略对象里选择一个，并将其挂接在目标对象上，从而令该对象能够采用这种算法或策略来执行某个操作。

5.13.2　该模式在 JDK 中的运用

与中介者模式类似，这个模式也经常被用到，但是不容易被立刻想起来。Java 集合框架位于 java.base 模块的 java.util 包中，这个包里有个名为 Comparator 的接口，用来表示我们在判定对象之间的大小关系时所使用的策略。我们在给某一系列元素排序的时候经常会用到这个接口，例如，可以把实现了该接口的某个类的实例当成参数传给 Collections.sort() 方法，让它采用这个实例所描述的策略给元素排序。

还有一个出现策略模式的地方，比 Comparator 用途更广，这就是 Stream API 里的 map 或 filter 方法，这些方法接受一个实现了某种函数接口的类的实例作为参数，并采用该实例所描述的策略来执行映射或过滤操作。它们与 Comparator 一样，都位于 java.base 模块中，但是属于 java.util.stream 包。

5.13.3　范例代码

假设某位司机拥有驾驶各种车辆的多个驾照。每种车辆的驾驶策略都稍有区别（参见范例 5.21）。

范例 5.21　表示车辆驾驶者的 VehicleDriver 实例，能够在程序运行期间切换各种驾驶策略

```
public static void main(String[] args) {
    System.out.println("Strategy Pattern, changing
        transport options");
    var driver = new VehicleDriver(new CarStrategy());
    driver.transport();
    driver.changeStrategy(new BusStrategy());
    driver.transport();
    driver.changeStrategy(new TruckStrategy());
    driver.transport();
}
```

程序输出结果如下：

```
Strategy Pattern, changing transport options
Car, four persons transport
Bus, whole crew transport
Truck, transporting heavy load
```

VehicleDriver 实例只需通过 TransportStrategy 类型的 strategy 字段持有指向当前策略对象的引用即可，而无须同时管理各种具体的驾驶策略（参见范例 5.22）。

范例 5.22 VehicleDriver 实例通过策略对象所定义的通用方法来执行操作，而不用关注具体的策略

```
class VehicleDriver {
    private TransportStrategy strategy;
    VehicleDriver(TransportStrategy strategy) {
        this.strategy = strategy;
    }
    void changeStrategy(TransportStrategy strategy){
        this.strategy = strategy;
    }
    void transport(){
        strategy.transport();
    }
}
```

用户可以在程序运行期间选择使用其中一种驾驶策略。这些策略都经过了适当的封装（参见图 5.12）。

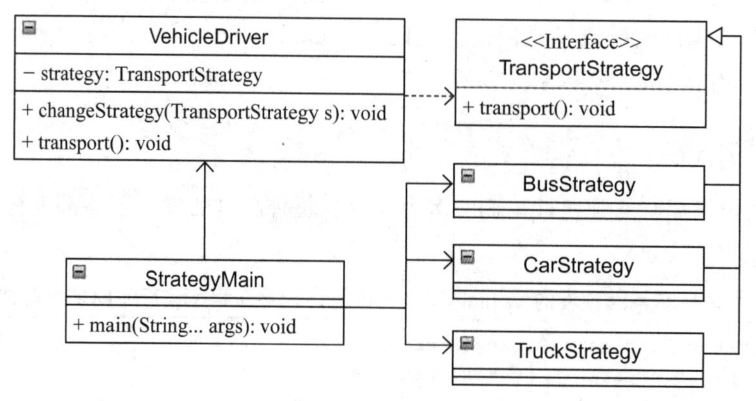

图 5.12 用 UML 类图演示如何轻松地定义一种新的策略

5.13.4 模式小结

这个简单的例子很好地演示了如何用一种隔离程度相当高的办法来实现策略模式。在本例中，司机可以根据自己要开的车辆是何种类型来选择与之相应的驾驶策略。每一种驾驶策略的代码都自成一体，而且这些策略的代码与程序的其他代码之间也互不干扰。这种做法很适合用来给复杂的算法或操作执行封装，使得用户只需使用封装好的策略即可，而无须了解这些策略的细节。

程序里有许多操作都是采用同一套基本操作流程来执行的。所以我们将在下一节介绍一种能够管理这些操作的模式。

5.14　模板模式——制定标准的处理流程

模板方法模式让我们能够用一套模板来统一描述步骤相似的操作，这个模式简称为模板模式。它很早就出现在了计算机领域，而且是经典的 GoF 设计模式之一。

5.14.1　动机

我们使用模板模式的主要原因在于，想把多个操作所共用的步骤提取出来。我们用这套基本的步骤定义一个算法骨架。骨架里的某些部分可以交给子类去做具体的实现。于是，我们就能在不改变算法结构的前提下，通过各种子类来完善算法中的特定部分，从而形成各种不同的具体算法。我们可以在模板方法里把这些部分（或者说，这些步骤）之间的顺序安排好，并交由相应的小方法去执行，这样就无须担心用户会把顺序弄乱了。

5.14.2　该模式在 JDK 中的运用

Java 的 I/O API 提供了做输入与做输出的字节流，这些字节流位于 java.base 模块的 java.io 包中。代表输入流的 InputStream 类定义了几个重载的 read 方法，其中有一个三参数版本的 read 方法用的就是模板模式，该方法本身按照一套通用的步骤来处理输入流中的各个字节，然而它会把读取单个字节这一操作交由无参数版的 read 方法去做，那个方法是个抽象方法，需要由 InputStream 类的子类实现。类似的机制也出现在表示输出流的 OutputStream 类及其 write 方法中。

另外一个用到模板模式的地方出现在 Java 集合框架里，这个框架也位于 java.base 模块的 java.util 包中。集合框架里的 AbstractList 实现了 List 接口所定义的 indexOf 及 lastIndexOf 方法，它在实现这两个方法时，用的也是模板模式，例如，在实现 indexOf 方法的过程中，它会把获取迭代器的步骤交给名为 listIterator 方法去完成，这个负责提供迭代器的 listIterator 方法可以由 AbstractList 的子类去覆写（这种迭代器是专门迭代列表的 ListIterator，它的功能比针对通用集合的 Iterator 更多）。

5.14.3　范例代码

现在举例说明如何采用模板方法模式来方便地定义各种新的传感器（参见范例 5.23）。

范例 5.23　传感器的模板方法，只需要把执行 activate 操作的通用步骤确定下来就好，其中的各个环节可以留给每一种具体的传感器去实现

```
public static void main(String[] args) {
    System.out.println("Template method Pattern, changing
        transport options");
    Arrays.asList(new BreaksSensor(), new EngineSensor())
            .forEach(VehicleSensor::activate);

}
```

程序输出结果如下：

```
Template method Pattern, changing transport options
BreaksSensor, initiated
BreaksSensor, measurement started
BreaksSensor, data stored
BreaksSensor, measurement stopped
EngineSensor, initiated
EngineSensor, measurement started
EngineSensor, data stored
EngineSensor, measurement stopped
```

名为 VehicleSensor 的抽象类表示各类传感器所共有的逻辑，它里面定义了一个修饰成 final 的 activate 方法，用来描述该操作的通用步骤（参见范例 5.24）。

范例 5.24 activate() 模板方法定义了一套通用的操作步骤

```java
abstract sealed class VehicleSensor permits BreaksSensor,
    EngineSensor {
    abstract void init();
    abstract void startMeasure();
    abstract void storeData();
    abstract void stopMeasure();

    final void activate(){
        init();
        startMeasure();
        storeData();
        stopMeasure();
    }
}
```

这种模板方法让各种具体的传感器都能以各自的方式实现其中的小步骤，与此同时，也让模板的设计者能够自行扩充模板方法本身，而不致影响到其他代码（参见图 5.13）。

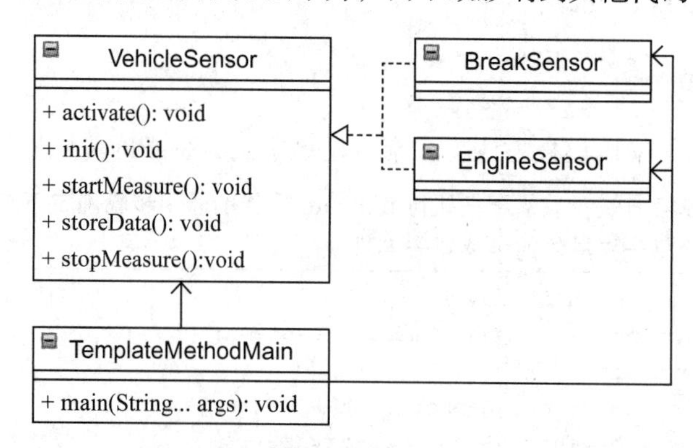

图 5.13 用 UML 类图来演示如何将新的传感器类型纳入模板方法模式中

5.14.4 模式小结

我们看到，模板方法模式很适合用来描述某一套具备通用步骤的操作。它可以将这些操作的内部逻辑与使用这套操作的用户代码相区隔，使得用户能够方便地执行操作，而无须关注该操作的详细步骤。另外，模板方法模式还能让代码更便于维护，并让开发者更容易发现其中的问题。

程序运行时所处的环境或许比较复杂。所以，我们可能需要一套能够显示出程序之中有何种实例的机制。下一节将要讲解一种可以实现该机制的模式。

5.15 访问者模式——根据对象的类型执行代码

访问者模式令算法的执行逻辑与该算法所要操纵的对象相互分离，这个模式也属于GoF设计模式。

5.15.1 动机

访问者模式使得设计者在无须修改某类实例的前提下，能够为这些实例定义一种新的操作。它让我们能够把该操作的底层代码与受访对象的结构分开。这样划分，使得我们无须修改现有对象的结构即可为其添加新的操作。

5.15.2 该模式在JDK中的运用

在java.base模块的java.nio.file包里出现了访问者模式。在这个包中，Files工具类的静态方法walkFileTree用的就是访问者模式，此方法会遍历某个目录结构以及其中的各个文件，并把每个文件分别交给FileVisitor接口的相关方法去访问。这样，Java平台既不用对表示目录及文件的那些类型做出修改，又能为其添加遍历操作。

5.15.3 范例代码

车辆的安全通常要由它里面各种可靠的传感器来保证。因此在这个例子中，就看看如何通过访问者模式确保应有的传感器均已到位（参见范例5.25）。

范例5.25 访问者模式让用户能够确保每个应有的传感器均已就位

```
public static void main(String[] args) {
    System.out.println("Visitor Pattern, check vehicle
        parts");
    var vehicleCheck = new VehicleCheck();
    vehicleCheck.accept(new VehicleSystemCheckVisitor());
}
```

程序输出结果如下：

```
Visitor Pattern, check vehicle parts
BreakCheck, ready
BreakCheck, ready, double-check, BreaksCheck@23fc625e
EngineCheck, ready
EngineCheck, ready, double-check, EngineCheck@3f99bd52
SuspensionCheck, ready
SuspensionCheck, ready, double-check,
    SuspensionCheck@4f023edb
VehicleCheck, ready
VehicleCheck, ready, double-check, VehicleCheck@3a71f4dd
```

具体的访问者类 VehicleSystemCheckVisitor 覆写了访问者接口（即 CheckVisitor）所定义的这套相互重载的 visit 方法，这套方法里的每一个 visit 版本都对应于某一种部件的检查逻辑（参见范例 5.26）。

范例 5.26 我们实现手工核查的时候，用带有模式匹配功能的 switch 语句确保应该接受访问的各种具体 SystemCheck 类型均已为这套 visit 方法所覆盖

```
class VehicleSystemCheckVisitor implements  CheckVisitor{

    @Override
    public void visit(EngineCheck engineCheck) {
        System.out.println("EngineCheck, ready");
        visitBySwitch(engineCheck);
    }
   private void visitBySwitch(SystemCheck systemCheck){
        switch (systemCheck){
        case EngineCheck e -> System.out.println
            ("EngineCheck, ready, double-check, " + e);
        ...
        default -> System.out.println(
           "VehicleSystemCheckVisitor, not implemented");
     }
   }
  ...
}
```

每一种需要接受访问（或者说，需要触发其核查逻辑）的 SystemCheck 类型都以相应的 visit 方法这一形式注册在了 CheckVisitor 接口中。这样我们能够确信，在把与每一种部件相对应的检测器（例如，检查引擎状态的 EngineCheck 等）都添加到 VehicleCheck 中并在其上调用 accept 方法后，这些部件均可由 VehicleSystemCheckVisitor 正确地核查（参见图 5.14）。

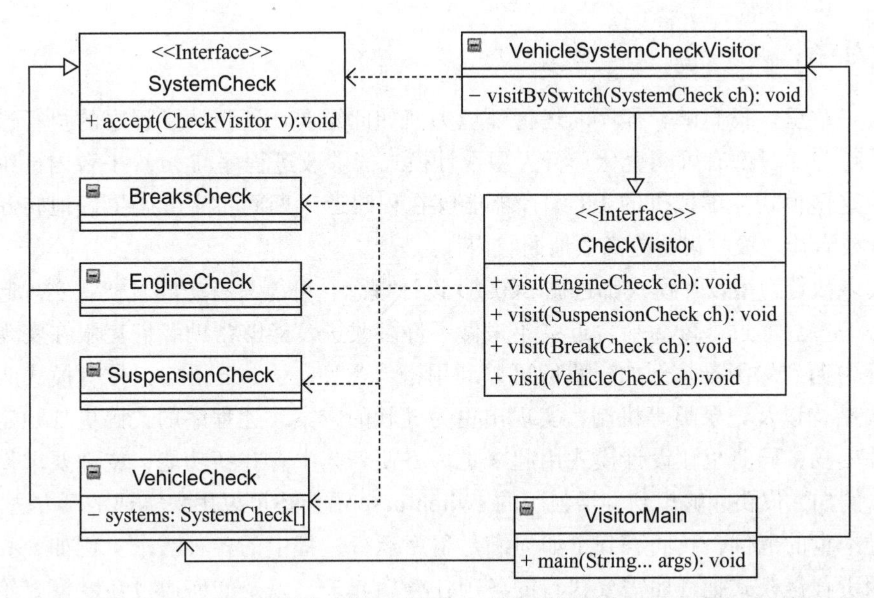

图 5.14 用 UML 类图来演示如何确保每一种传感器的检查逻辑都能得到访问

5.15.4 模式小结

这个例子让我们看到，怎样把各种部件的验证逻辑放入 VehicleCheck 系统，然后通过访问者模式来确保这些部件的验证逻辑都得到访问。每一种部件的验证逻辑都自成一体（或者说，都包装在了各自的 SystemCheck 子类中），我们很容易就能给新部件添加验证逻辑或移除某个现有部件的验证逻辑。然而，使用访问者模式也意味着类体系里至少会出现两个（乃至更多的）类需要继承自同一个基类的情况（例如，每一种具体部件的验证逻辑都需要继承自 SystemCheck 这一基类）。这个模式还有一个特点是，如果添加了一种需要受访的新类却没有将其以 visit 方法的形式注册到访问者接口里，那么程序是不会给出编译错误的。这可以说是优点，也可以说是缺点。若想避免重复（例如，不想让每一个 SystemCheck 子类型都覆写 accept 方法并把自己作为参数派发给访问者的 visit 方法），则可以像范例 5.26 这样，实现手工版的 visitBySwitch 方法。这样也就不用实现那么多个重载版的 visit 方法了，而是可以将这个手工方法的参数设为通用的 SystemCheck 类，并在其中采用带有模式匹配的 switch 机制来分别处理各种具体的部件检查逻辑。这样还能确保新添加进来的受访类型也能够得到处理 [标准的访问者模式与 SOLID 设计原则中的 L，也就是里氏替换原则（Liskov Substitution Principle，LSP），是有些冲突的。这是因为该原则要求子类必须能够**直接**当作超类来使用，但是在标准的访问者模式中，子类还得向访问者接口注册相应的 visit 方法，并在自己覆写的 accept 方法里将自身作为参数派发过去，否则就无法为访问者所访问。我们这里改编的这种访问者模式，通过手工编写的 visitBySwitch 方法缓解了这个问题。即便你忘记了注册与派发，switch 结构里的 default 分支还是能够将这一问题捕捉到]。

讲完访问者模式，这一章就结束了。下面我们把本章内容简单地总结一遍。

5.16 小结

在这一章里，我们讲了程序的运行环境为何如此重要，还强调了程序的执行过程是动态的，其行为随时都有可能变化。行为型设计模式能够改进程序与Java平台内部组件的交流过程。这些模式让虚拟机的JIT编译器能够在程序运行期间将字节码更好地转译成动态的行为，或者让垃圾收集器更高效地回收内存。

绝大多数行为型设计模式都遵循SOLID设计理念，可能只有访问者模式实现起来需要更加小心一些。不过，Java平台近些年来做了许多改进，能够帮助我们克服在实现某些模式的过程中遇到的困难。例如，我们可以利用密封类型、switch语句、带有模式匹配功能的switch结构以及记录类等机制，实现出更为健壮的方案，让程序的代码更加稳定，不致出现意外变动，同时也让设计模式用起来更为方便。其中有些新功能，或许要求你发挥一些创意，例如，你要能够想到，增强版的switch-case语句还可以用来实现工厂方法。

通过本章的范例，我们看到了如何满足程序运行过程中的各种需求。例如，我们演示了如何用责任链模式把程序需要执行的各项任务串起来，以及如何通过命令模式给应该执行操作的对象下达命令。另外，我们还讲了怎样用解释器模式把另一种形式的文本转化成当前这种编程语言之中的构件，以及怎样利用迭代器模式来遍历对象。中介者模式让我们能够将对象之间的复杂交互行为集中到一个地点来处理。空对象模式让我们能够用一种特殊的对象去表示尚未定义或暂不存在的对象，以防止程序出现异常。

管道模式让用户能够把各种步骤按照顺序拼接为一条生产线。状态模式能够对特定实例的状态变更进行管理，观察者模式能够监测并响应这样的变更。最后我们讲了观察者模式，这个模式让我们能够在不改变既有架构的前提下为类体系中的各种对象都提供某个新操作。

对于单线程的程序来说，我们在讲完行为型设计模式之后，就把所有应该讲解的模式全都介绍完了。前面讲过创建型与结构型设计模式，本章又讲了行为型设计模式，这些模式组合起来能够完全覆盖到对象的创建工作、程序处理这些对象时所用的结构，以及这些对象在程序运行期间的动态行为与交互情况。

我们的程序均从主线程启动，而且有些程序确实只用一个线程就能满足需求。但Java平台，以及我们在现实中遇到的大部分业务场景都不是单线程的。有些任务本身就适合或者需要放在多线程的环境中执行，这可以通过各种框架来实现。下一章，我们将研究一些常见的并发设计模式，以解决程序在多线程的环境中遇到的问题。

5.17 习题

1. 标准的访问者模式与哪一条基本设计原则相冲突？
2. 哪种模式让用户能够遍历集合中的各元素，同时又无须关注这些元素的具体类型？

3. 有没有一种模式能让我们在程序运行期间变更实例的行为（或者说，切换它的做事方式）？
4. 哪一种模式能让用户像使用普通对象那样使用状态未定或者尚不存在的对象？
5. 在 Java 的 Stream API 里，最常用到的几种模式是什么？
6. 有没有一种办法能够在程序运行期间通知对某个事件感兴趣的各方？
7. 哪一种设计模式能够用来实现回调机制？

5.18 参考资料

- *Design Patterns: Elements of Reusable Object-Oriented Software* by Erich Gamma, Richard Helm, Ralph Johnson, and John Vlissides, Addison-Wesley, 1995
- *Design Principles and Design Patterns* by Robert C. Martin, Object Mentor, 2000
- *JEP-358: Helpful NullPointerExceptions* (`https://openjdk.org/jeps/358`)
- *JEP-361: Switch Expression* (`https://openjdk.org/jeps/361`)
- *JEP-394: Pattern Matching for instanceof* (`https://openjdk.org/jeps/394`)
- *JEP-395: Records* (`https://openjdk.org/jeps/395`)
- *JEP-405: Sealed Classes* (`https://openjdk.org/jeps/405`)
- *JEP-409: Sealed Classes* (`https://openjdk.org/jeps/409`)

第三部分 *Part 3*

其他重要的模式与反模式

本部分将讲解构建高并发应用程序所需的设计原则与模式。另外，我们还将讨论几种反模式，也就是那种未能适当应对某个需求的软件设计方案。

第 6 章 Chapter 6

并发设计模式

前面各章讲了创建型、结构型与行为型的设计模式，这些模式都关注着代码库的质量，它们都想让代码变得更容易维护，然而这一点，主要是针对**单线程**应用程序而言的。换句话说，我们早前用这些模式所设计的程序，其字节码是按照一套预先定义好的顺序执行的，以这种顺序执行的字节码应该能够得出我们期望的结果。

但是，根据目前的业务需求所开发的应用程序会跟 GoF 设计模式时期的程序有所不同，现在的程序越来越倾向于在并发与并行的环境中运作。这种开发方式随着硬件的快速发展而获得成功。

Java 平台从很早就在底层设立并发机制了，而且后来还通过 Java Mission Control（JMC）工具集里的 Java Flight Recorder（JFR）工具，让开发者能够收集与线程行为相关的数据，并将其展示到图形界面中，这使得我们可以更直观地看到程序的运行状况。本章将讲解在开发多线程应用程序时经常用到的一些模式。

学完本章，我们将能很好地理解 Java 平台的并发能力，并且知道如何在开发应用程序的过程中有效地运用这种能力。

6.1 技术准备

本章的代码文件可以在本书的 GitHub 仓库里找到，网址为 https://github.com/PacktPublishing/Practical-Design-Patterns-for-Java-Developers/tree/main/Chapter06。

6.2 主动对象模式——解耦方法的执行时机与触发时机

主动对象模式会为某个对象创建它自己的控制线程，这样就能把给该对象下达方法调用命令的时机与这个对象真正执行方法的时机划分开，而不是刚一调用方法就立刻执行。

6.2.1 动机

主动对象模式让应用程序能够有一套便捷的并发模型。它会在对象内部创建一个线程并启动该线程，以便执行必备的逻辑与用户指定的关键代码片段（critical section，也就是同一时刻只应该有一个线程进入的共享区域，又称临界区）。这样的活动对象实例会发布一套公开的接口，让用户能够使用这套接口来运行某个封装好的关键片段。它会把用户所触发的外部事件（或者说，用户所发出的代码执行请求）安排在队列中，以便稍后处理。具体的处理顺序由对象内部的调度器（scheduler）决定。处理结果可以用回调的形式传给适当的处理程序（handler）。

6.2.2 范例代码

我们以一种能在行驶途中收听广播的车辆为例来演示主动对象模式的用法（参见范例 6.1）。

范例 6.1 SportVehicle 实例允许用户通过它所提供的各种公开方法来触发相关事件

```
public static void main(String[] args) throws Exception {
    System.out.println("Active Object Pattern, moving
        vehicle");
    var sportVehicle = new SportVehicle("super_sport");
    sportVehicle.move();
    sportVehicle.turnOnRadio();
    sportVehicle.turnOffRadio();
    sportVehicle.turnOnRadio();
    sportVehicle.stopVehicle();
    sportVehicle.turnOffRadio();
    TimeUnit.MILLISECONDS.sleep(400);
    System.out.println("ActiveObjectMain, sportVehicle
    moving:" + sportVehicle.isMoving());
}
```

程序输出结果如下：

```
Active Object Pattern, moving vehicle
MovingVehicle:'super_sport', moving
MovingVehicle:'super_sport', radio on
MovingVehicle:'super_sport', moving
MovingVehicle:'super_sport', stopping, commands_active:'3'
MovingVehicle:'super_sport', stopped
ActiveObjectMain, sportVehicle moving:false
```

我们新建一个名为MovingVehicle的抽象类，在其中定义一组公开的方法，也就是用来驾驶车辆的move方法、用来打开收音机的turnOnRadio方法、用来关闭收音机的turnOffRadio方法以及用来停止车辆移动的stopVehicle方法。这个抽象类的实例会自己创建一个控制线程，此外还会创建一个队列，以便将外部传入的请求安排到队列的适当位置（参见范例6.2）。

范例6.2 MovingVehicle类里有一个名为active的标志字段，用来告诉车内的控制线程是否需要继续处理队列中的事件

```
abstract class MovingVehicle {
    private static final AtomicInteger COUNTER = new
        AtomicInteger();
    private final BlockingDeque<Runnable> commands;
    private final String type;
    private final Thread thread;
    private boolean active;

    MovingVehicle(String type) {
        this.commands = new LinkedBlockingDeque<>();
        this.type = type;
        this.thread = createMovementThread();
    }
   ...
  private Thread createMovementThread() {
    var thread = new Thread(() -> {
        while (active) {
            try {
                var command = commands.take();
                command.run();
                ...
            }
        }
    });
    thread.setDaemon(true);
    thread.setName("moving-vehicle-" +
        COUNTER.getAndIncrement());
    return thread;
   ...
   }
}
```

MovingVehicle对象会用自己内部的队列来接收事件，并按照自身的节奏，每隔一段时间就取出一个事件予以处理。我们这里采用LinkedBlockingDeque实现队列，因为除了基本的队列功能（也就是令元素从尾部入队）之外，它还允许我们从队列头部插入元素，这对于停止车辆运行（即stopVehicle）这一操作来说是很有用的。因为这个事件的优先级比较高，它比打开广播与关闭广播的 turnOnRadio 及 turnOffRadio 事件更为紧迫，所以我们需要一种能够从头部安插元素的队列（参见范例 6.3）。

范例 6.3 MovingVehicle 对象会根据事件的紧急程度，将其安插到队列中的适当位置上

```
abstract class MovingVehicle {
  ...
  void turnOffRadio() throws InterruptedException {
    commands.putLast(() -> {...});
  }
  void stopVehicle() throws InterruptedException {
    commands.putFirst(() -> {...});
  }
  ...
}
```

对于继承了 MovingVehicle 类的具体车辆类 SportVehicle 来说，其对象会通过自己内部的线程以特定的节奏来执行各种事件，而不会与应用程序的主线程相干扰。这样做能让程序的行为更容易预测，并且不会因为处理这些事件而阻塞主线程（参见图 6.1）。

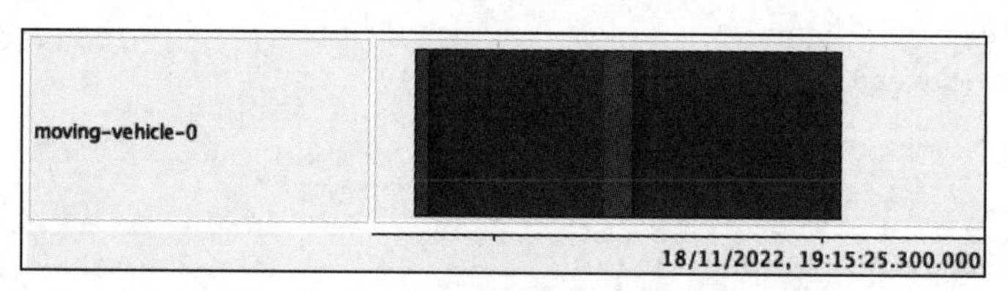

图 6.1 观察 moving-vehicle 线程所执行的各条命令（浅色部分代表线程执行任务，深色部分代表线程休眠）

我们看到，本例中的各部分之间配合得相当顺畅（参见图 6.2）。

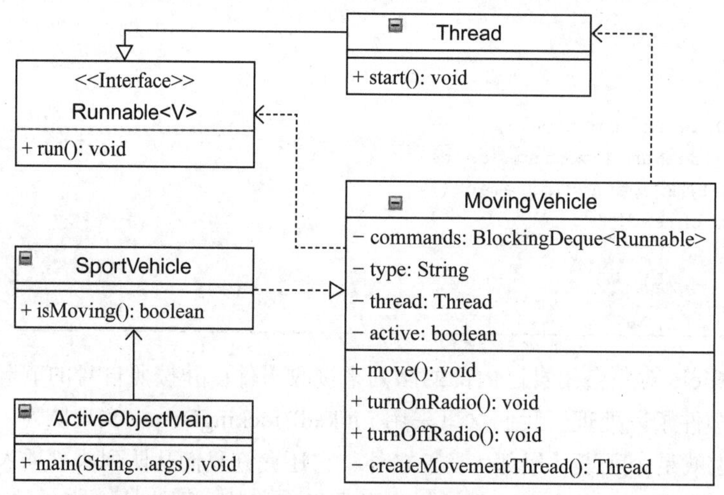

图 6.2 用 UML 类图演示如何利用 Java 语言的并发功能将 SportVehicle 类的命令触发时机与执行时机分开

6.2.3 模式小结

正确实现出来的主动对象模式是遵循 SOLID 设计原则的，因为这样的实现方案会把需要在多线程环境下有序执行的关键区段封装起来，只将必要的控制接口公布给用户。扮演主动对象的这个实例与应用程序的其他部分之间互不干扰，这使得设计者能将这套方案推广到适当的层面。如果要在应用程序中引入并发模型，那么主动对象模式是个很好的选择。然而在决定运用该模式时，必须注意几个因素，其中一个就是应用程序可能创建出的线程数量，如果这个数量比较大，而系统里又没有足够的资源来支撑这些线程，那么会导致程序容易崩毁或者变得不够稳定。

下一节将讲解另一个模式，以便用异步的方式处理事件。

6.3 异步方法调用模式——让任务以非阻塞的方式执行

异步方法调用模式给我们提供了一种办法，让主线程的执行过程不会因为程序里那些耗时较久的任务而出现延迟。

6.3.1 动机

异步方法调用模式让我们能够以异步的方式执行任务，并通过回调机制获知结果。这样我们就不用把这些任务放在主线程里执行了，那会让主线程无法执行其他操作。这个模式向我们展示了一种可用来处理某些任务的线程模型，并且让我们看到了这种模型所能达到的并行度。任务的执行结果可以由专门的回调处理程序（callback handler）来处理，无论这项任务需要花费多长时间，主线程都能够查询任务的执行结果。有的时候，这些回调处理程序本身就位于主线程里。

6.3.2 范例代码

下面举个相当简单的例子，假设车辆中有多个温度传感器，这些传感器需要把测量到的温度提供给司机，也就是程序的用户或客户（参见范例 6.4）。

范例 6.4 测出 26℃的那项任务是以异步方式安排在 thread-0 线程中执行的

```
public static void main(String[] args) throws Exception {
    System.out.println("Async method invocation Pattern,
        moving vehicle");
    var sensorTaskExecutor = new
        TempSensorExecutor<Integer>();
    var tempSensorCallback = new TempSensorCallback();

    var tasksNumber = 5;
    var measurements = new ArrayList<SensorResult
       <Integer>>();
```

```
        System.out.printf("""
                AsyncMethodMain, tasksNumber:'%d' %n""",
                    tasksNumber);
        for(int i=0; i<tasksNumber; i++) {
            var sensorResult = sensorTaskExecutor.measure(new
                TempSensorTask(), tempSensorCallback);
            measurements.add(sensorResult);
        }
        sensorTaskExecutor.start();
        AsyncMethodUtils.delayMills(10);
        for(int i=0; i< tasksNumber; i++){
            var temp = sensorTaskExecutor.stopMeasurement
                (measurements.get(i));
            System.out.printf("""
                    AsyncMethodMain, sensor:'%d'
                    temp:'%d'%n""", i, temp);
        }
    }
```

程序输出结果如下：

```
Async method invocation Pattern, moving vehicle
AsyncMethodMain, tasksNumber:'5'
SensorTaskExecutor, started:5
...
TempSensorTask,n:'4' temp:'5', thread:'thread-3'
TempSensorTask,n:'3' temp:'26', thread:'thread-0'
TemperatureSensorCallback, recorded value:'26',
  thread:'main'
AsyncMethodMain, sensor:'0' temp:'26'
...
```

某项任务的执行结果受到查询时，表示该任务的这个对象会以回调的方式在与之关联的 TempSensorCallback 实例上触发 onMeasurement 回调方法。由于查询任务结果是由主线程发起的，因此这些回调方法都是在主线程（也就是 main 线程）中执行的（参见图 6.3）。

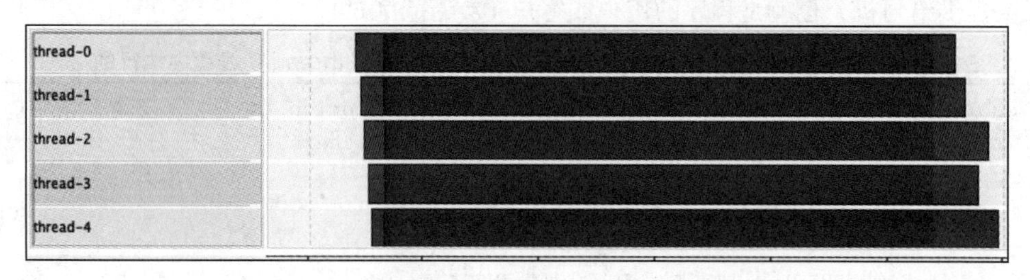

图 6.3 对“查询任务执行结果”操作予以监控

TemperatoreSensorCallback 实例是以异步方式回调的，所以每个工作线程在执行完各自的任务之后就可以结束了，不必等待程序获取其执行结果，这个结果会由主线程自行决定何时获取。图中各个工作线程的结束时间互不相同，正是这个原因造成表示温度测量任务的这些 TempSensorTask 实例会由我们自己定制的 TempSensorExecutor 对象来调度。这个对象不仅能控制我们一开始为每项任务创建的这些线程，而且还会在用户提交任务的时候，返回一个用来查询任务执行结果的 SensorResult 对象。用户可以在该对象上发出停止测量（stopMeasurement）命令，从而提前结束耗时过长的测量任务。TempSensorExecutor 实例提供一个公开的 measure 方法，让用户通过这个方法登记某项测量任务，该方法会返回一个由 TempSensorResult 实例来表示的 SensorResult 对象。无论这项任务耗时多久，用户都可以随时通过该对象查询此任务的执行情况（参见范例 6.5）。

范例 6.5　把耗时较久的测量任务放在一个新线程中执行，并把执行结果交给 result 对象

```
class TempSensorExecutor<T> implements SensorExecutor<T> {
    ...
    @Override
    public SensorResult<T> measure(Callable<T> sensor,
        SensorCallback<T> callback) {
        var result = new TempSensorResult<T>(callback);
        Runnable runnable = () -> {
            try {
                result.setResult(sensor.call());
            } catch (Exception e) {
                result.addException(e);
            }
        };
        var thread = new Thread(runnable, "thread-" +
            COUNTER.getAndIncrement());
        thread.setDaemon(true);
        threads.add(thread);
        return result;
    }
}
```

像这种由多个传感器各自去测量温度的任务显然应该并行地执行，而不应该先等其中一个传感器测量完毕，再让另一个传感器开始测量。异步方法调用模式采用一套很小的类体系解决了如何才能既让这些任务各自执行，又让主线程免于阻塞的问题（参见图 6.4）。

6.3.3　模式小结

这个例子清楚地演示了如何将某项耗时较久的任务提前与主线程分离，从而在不阻塞主线程的前提下方便地处理该任务。这种处理方式所采用的思路，并不是推迟这项任务的执行时机，而是将该任务单独放在一个线程里执行。除了这里演示的这种做法，Java 平台也提供了许多种实现异步方法调用模式的方案。其中一种方法是利用 Callable 接口来封装任务，并将封装好的 Callable 实例通过 ExecutorService 的 submit 方法提交给系统执行。该方法会返回一个用来获取执行结果的对象，这个对象实现了 Future 接口。此接口与本例中的 TempSensorResult 类似，但并未提供一个能够在任务结果受到查询时予以触发的回调机制。还有一种办法是利用 CompletableFuture 类，这个类不仅提供了创建 CompletableFuture 实例的 supplyAsync 静态方法，而且还包含许多有用的函数。以上提到的几种类型及其用法都能在 java.base 模块的 java.util.concurrent 包里找到。

下一节将讲解另一个模式，用来将某项任务的执行时机推迟到前一项任务执行完毕之后。

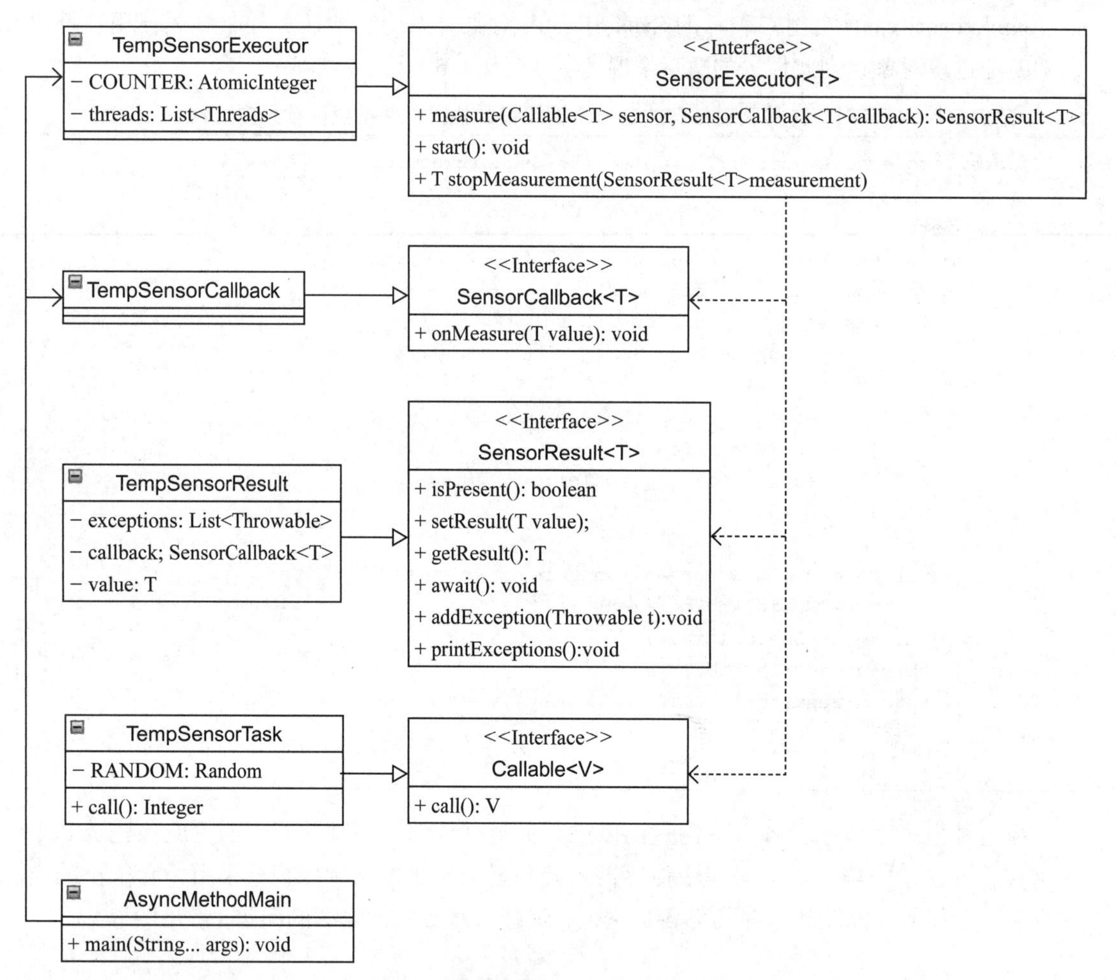

图 6.4 用 UML 类图演示程序如何从各个温度传感器里异步地获取读数

6.4 阻行模式——延迟执行，直到前一个任务完成

有的时候，我们必须先考虑前一项任务的执行情况，然后才能合理地执行下一项任务并正确地实现目标。

6.4.1　动机

许多开发者都不想让实例的内容发生变化，做并发编程的时候尤其如此。然而有时允许对象的状态发生改变却可以让我们更为轻松地编写多线程应用程序。在这样的程序中，我们可以通过对象的状态来决定某个线程是否有资格锁定该对象并执行其中的关键代码。这样设计让程序能够根据对象的状态，判断某个线程是否应该利用自己获得的这段执行时间来锁定该对象，从而使系统中的可用资源能够得到合理的调度，以防出现某个线程占据资源却又无法有效工作的局面。例如，如果车辆没有处于正在驾驶的状态，那么程序就不能执行停止驾驶这一操作。换句话说，只有当车辆处于正在驾驶的状态时，才有可能执行停止驾驶这一操作。

6.4.2　范例代码

我们考虑这样一种 Vehicle 实例，它由两组司机来驾驶。尽管我们有两个司机团队，但能够驾驶的车却只有一辆。因此，如果这辆车目前已经有人来开了，那么必须等待驾驶过程结束，另一位司机才有驾驶的机会（参见范例 6.6）。

范例 6.6　用 ExecutorService 所创建的一个线程来表示司机组

```
public static void main(String[] args) throws Exception {
    System.out.println("Balking pattern, vehicle move");

    var vehicle = new Vehicle();
    var numberOfDrivers = 5;
    var executors = Executors.newFixedThreadPool(2);
    for (int i = 0; i < numberOfDrivers; i++) {
        executors.submit(vehicle::drive);
    }
    TimeUnit.MILLISECONDS.sleep(1000);
    executors.shutdown();
    System.out.println("Done");
}
```

程序输出结果如下：

```
Balking pattern, vehicle move
Vehicle state:'MOVING', moving, mills:'75',
  thread='Thread[pool-1-thread-2,5,main]'
Vehicle state:'STOPPED' stopped, mills:'75',
  thread='Thread[pool-1-thread-2,5,main]'
Vehicle state:'MOVING', moving, mills:'98',
  thread='Thread[pool-1-thread-1,5,main]'
…
```

阻行模式提供一种方案，让程序能够根据 Vehicle 实例的状态来决定某个工作线程（也就是某一组司机）是否有资格执行任务中的关键代码，而这个状态，我们采用 VehicleState 类型的枚举来表示（参见范例 6.7）。

范例 6.7 用 synchronized 关键字修饰车辆中的关键代码所在的 driveWithMills 方法，以确保同一时刻只能有一个线程执行该方法，这个线程会根据车辆当前有没有准备好来决定是否应该驾驶这辆车

```
class Vehicle {
    synchronized void driveWithMills(int mills) throws
        InterruptedException {
        var internalState = getState();
        switch (internalState) {
            case MOVING -> System.out.printf("""
                    Vehicle state:'%s', vehicle in move,
                        millis:'%d', thread='%s'%n""",
                            state, mills, Thread
                              .currentThread());
            case STOPPED -> startEngineAndMove(mills);
            case null -> init();
        }
    }
}
...
```

在用来表示这两组司机的这两个线程里，同一时刻只能有一个线程获取到 Vehicle 实例的锁，并进入其关键区域。此时，如果另一个线程也想对这个 Vehicle 实例加锁，那就必须阻塞，直至当前拿到锁的这个线程释放这把锁为止（参见图 6.5）。

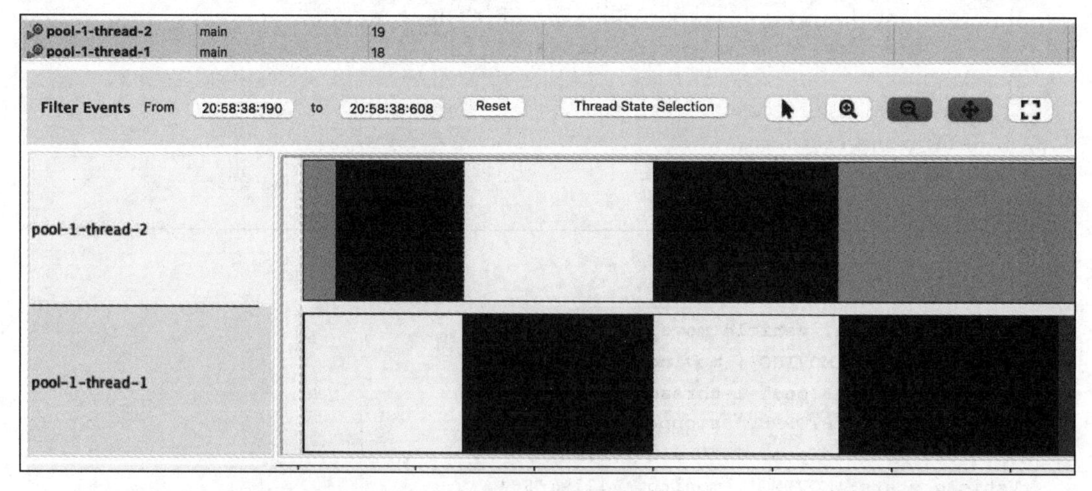

图 6.5 黑色与灰色区域表示的是某个线程获取了同步锁的时间段，另一个线程在这段时间只能阻塞（白色区域指线程想获取同步锁，但由于其他线程已获取该锁而不得不等待的时间段）

这个例子只用到了极少数的几个类，而且这几个类都封装得相当好（参见图 6.6）。

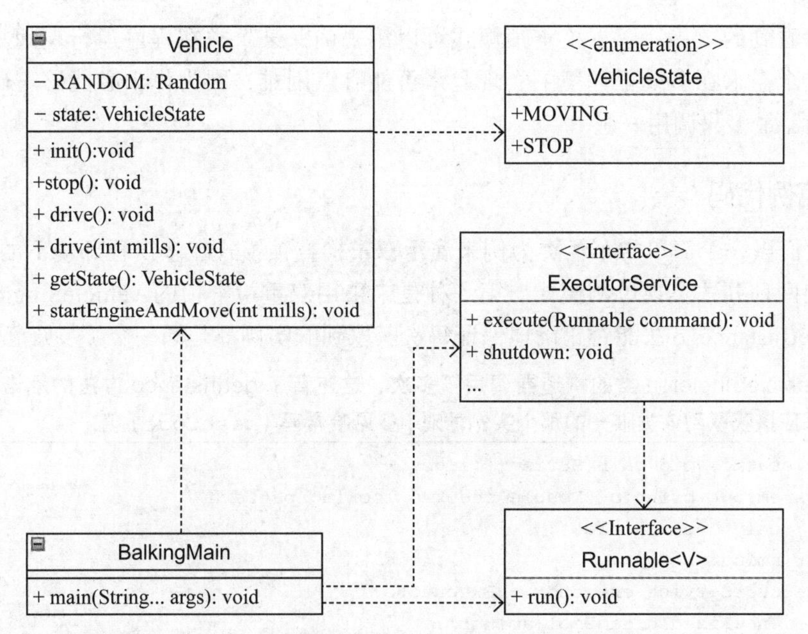

图 6.6　用 UML 类图来演示我们自己编写的这三个类里最为主要的两个类，即 Vehicle 与 VehicleState

6.4.3　模式小结

阻行模式在 Java 平台里很容易实现。为了正确处理对象的状态变化，我们必须考虑到 Java 的内存模型。除了用 synchronized 关键字确保同一时刻只能有一个线程进入关键区域，我们还应该考虑采用原子类型的对象（例如，原子形式的整数 AtomicInteger 与原子形式的布尔值 AtomicBoolean）来表示容易变化的数值，这些对象都能够自动确保 happens-before 效果。这种效果是 Java 内存模型的一部分，它确保相互通信的多个线程在访问内存中的同一区域时能够观察到一致的内容（参见第 2 章）。还有一种确保内容一致的办法，是采用 volatile 关键字修饰某个字段，这也能确保多个线程在访问这一字段时总能看到一致的内容。

下一节将介绍另一个模式，用来确保某个类在多线程环境下只有唯一的一个实例。

6.5　双重检查锁模式——提供唯一的对象实例

双重检查锁模式用来解决如何确保某个类在程序运行期间只有唯一一个实例的问题。

6.5.1　动机

我们在第 2 章说过，Java 平台本身就是个多线程的平台。Java 程序除了主线程，还会有一些后台线程，负责在程序运行期间回收垃圾。另外，在程序里用到的各种框架可能也会引入它们各自的线程模型，而那些线程可能会影响程序中某个类的实例化过程，从而造成你不愿意看到的效果。双重检查锁模式可以用来确保某个类在程序运行期间只存在唯一的实例。这个需求在多线程环境下实现起来可能有点困难，因为你未必能够正确地保证这个类的构造器最多只调用一遍。

6.5.2 范例代码

下面我们以一个简单的车辆类为例来演示双重检查锁模式在多线程环境下的重要作用。这个例子用两种办法实现单例模式。第一种是未采用双重检查锁的 VehicleSingleton，我们看看它的 getInstance 方法能否正确地保证每次获取到的实例都是同一个（参见范例 6.8）。

范例 6.8 VehicleSingleton 类的构造器调用了多次，这违背了 getInstance 方法的承诺，此方法本来应该获取到该类唯一的那个实例才对［参见哈希码（hashCode）值］

```
public static void main(String[] args) {
    System.out.println("Double checked locking pattern,
        only one vehicle");
    var amount = 5;
    ExecutorService executor = Executors
        .newFixedThreadPool(amount);
    System.out.println("Number of executors:" + amount);
    for (int i = 0; i < amount; i++) {
        executor.submit(VehicleSingleton::getInstance);
        executor.submit(VehicleSingletonChecked
            ::getInstance);
    }
    executor.shutdown();
}
```

程序输出结果如下：

```
Double checked locking pattern, only one vehicle
Number of executors:5
VehicleSingleton, constructor thread:'pool-1-thread-1'
hashCode:'1460252997'
VehicleSingleton, constructor thread:'pool-1-thread-5'
hashCode:'1421065097'
VehicleSingleton, constructor thread:'pool-1-thread-3'
hashCode:'1636104814'
VehicleSingletonChecked, constructor thread:'pool-1-thread-
2' hashCode:'523532675'
```

我们调用 Executors.newFixedThreadPool 方法来获取一个 ExecutorService 型的实例，然后，我们应该向这个实例提交实现了 Runnable 接口的类的对象。但是本例并没有手工定义某个实现了 Runnable 接口的类，并将该类的对象提交上去，而是直接提交了 VehicleSingleton::getInstance 与 VehicleSingletonChecked::getInstance 这两个方法引用。Java 平台会根据 ExecutorService.submit 方法对参数的要求，将方法引用自动视为一个实现了 Runnable 接口的类的对象，并将该方法的代码视为这个对象的 run 方法所要执行的代码。因此，对于本例的两种实现方案来说，这都意味着它们各自的 getInstance 方法会被当成一项任务，提交给 ExecutorService 去执行（参见图 6.7）。

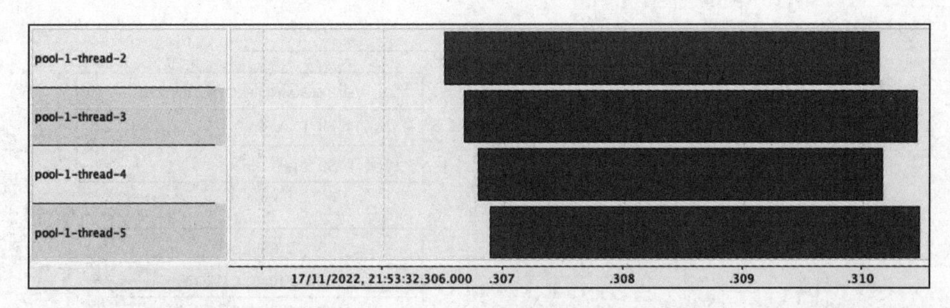

图 6.7　线程池里的各个线程都在执行 VehicleSingleton 或 VehicleSingletonChecked 类的 getInstance 方法，然而只有后者才能保证该类的构造器只调用一次

这两种实现方案之间的差别很细微，这种差别在于如何编写 getInstance 方法以获取唯一的这个实例（参见范例 6.9）[⊖]。

范例 6.9　VehicleSingletonChecked 类的 getInstance 方法在调用构造器之前先用 synchronized 关键字对该类本身加锁，以确保同一时刻只能有一个线程进入这段代码

```
public static VehicleSingleton getInstance(){
    if (INSTANCE == null){
        INSTANCE = new VehicleSingleton();
    }
    return INSTANCE;
}
...
static VehicleSingletonChecked getInstance() {
    if (INSTANCE == null) {
        synchronized (VehicleSingletonChecked.class) {
            if (INSTANCE == null) {
                INSTANCE = new VehicleSingletonChecked();
            }
        }
    }
    return INSTANCE;
}
```

这两种实现方案的 UML 类图是一样的（参见图 6.8）。

⊖ 当前线程在通过第一次 if (INSTANCE = = null) 检查之后，有可能在即将获取 VehicleSingletonChecked.class 锁的时候被另一个线程打断，那么线程顺利执行完 getInstance 方法的全部代码，并将 INSTANCE 字段设为它所创建的实例。此时系统可能会让这个线程重新活跃并获取锁，因此必须做第二次 if (INSTANCE = = null) 检查（即双重检查），否则本线程就会误以为 INSTANCE 字段尚未设置而重复调用构造器。——译者注

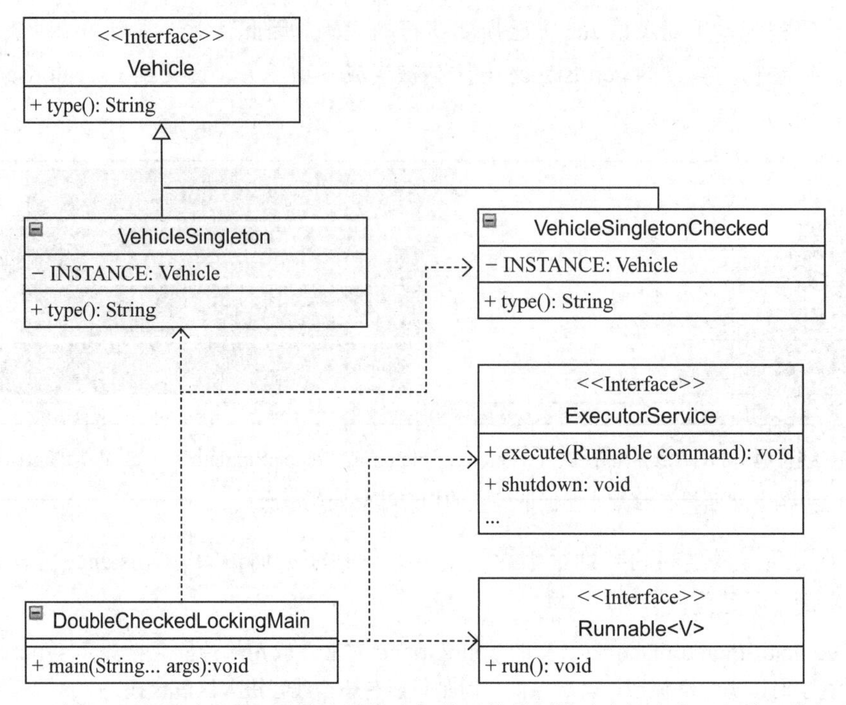

图 6.8 从 UML 类图看不出双重检查锁模式与普通的单例模式之间在实现细节上有何差异

6.5.3 模式小结

这个例子向大家展示了双重检查锁模式的其中一种实现手法。其实 Java 平台本身的 Enum 机制也能实现出跟双重检查锁模式相同的效果。也就是说，我们可以将单例所在的类设计成仅含唯一一种枚举量的枚举类，并把这个枚举量叫作 INSTANCE。这会促使 Java 系统在用户需要使用这个枚举量所表示的单例时，创建该类唯一的一个实例，并用这个名为 INSTANCE 的枚举量来表示该实例，这种做法同样能确保该类的构造器只调用一次。

下一节将展示如何通过加锁来确保执行数值更新操作的线程总是能够不受干扰地执行。

6.6 读写锁模式——实现有目的的线程阻塞

编写并发应用程序时，如果某个线程在更新某段关键代码中的数据，那么我们可能想让其他线程暂且不要执行涉及该数据的代码，以防止它们读到尚未更新完毕的值。这可以利用读写锁模式来解决。

6.6.1 动机

读写锁模式让程序中负责更新数据的线程可以相当自然地对关键代码段加锁。这个模式让程序中的各个线程能够区分出自己是否应该执行某段涉及关键数据的代码。换句话说，如果某份关键数据既有线程想要写入，又有线程想要读取，那么写入操作总是优先且独占地执行，以确保后来的读取操作所读到的一定是最为准确、最为及时的值。具体到实现细节层面，这意味着如果有线程正在修改这份关键数据，那么想要读取该数据的线程必须阻塞在这里，等待修改操作执行完毕才能读取该数据。

6.6.2 范例代码

假设车中有多个传感器都需要获取准确的温度信息，但只有一个传感器能够更新温度值（参见范例6.10）。

范例 6.10 SensorWriter 实例在专为它开设的线程里执行写入任务

```
public static void main(String[] args) throws Exception {
    System.out.println("Read-Write Lock pattern, writing
        and reading sensor values");
    ReentrantReadWriteLock readWriteLock = new
        ReentrantReadWriteLock();
    var sensor = new Sensor(readWriteLock.readLock(),
        readWriteLock.writeLock());
    var sensorWriter = new SensorWriter("writer-1",
        sensor);
    var writerThread = getWriterThread(sensorWriter);

    ExecutorService executor = Executors.newFixedThreadPool
        (NUMBER_READERS);
    var readers = IntStream.range(0, NUMBER_READERS)
            .boxed().map(i -> new SensorReader("reader-"
               + i, sensor, CYCLES_READER)).toList();
    readers.forEach(executor::submit);
    writerThread.start();
    executor.shutdown();
}
```

程序输出结果如下：

```
Read-Write Lock pattern, writing and reading sensor values
SensorReader read, type:'reader-2', value:'50,
thread:'pool-1-thread-3'
SensorReader read, type:'reader-0', value:'50,
thread:'pool-1-thread-1'
SensorReader read, type:'reader-1', value:'50,
thread:'pool-1-thread-2'
SensorWriter write, type:'writer-1', value:'26',
thread:'pool-2-writer-1'
SensorReader read, type:'reader-2', value:'26,
thread:'pool-1-thread-3'
...
```

多个线程可以同时读取温度传感器的值，而无须阻塞。但只要有线程要执行写入操作，这些想要执行读取操作的线程就必须阻塞，直至SensorWriter实例中的写入任务执行完毕（参见图6.9）。

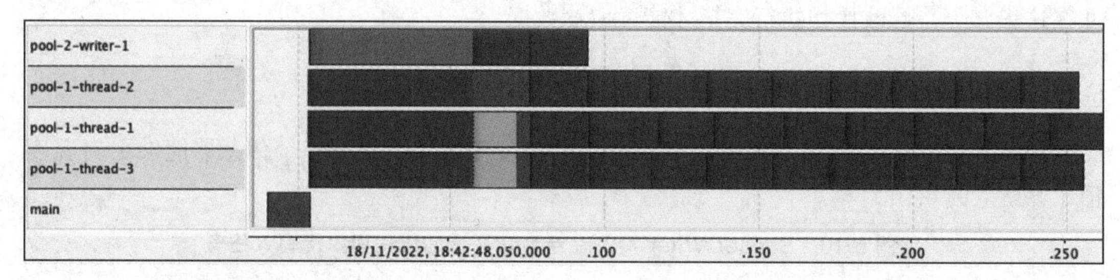

图6.9 在有某个线程执行写入操作的这段时间，想要执行读取操作的线程都必须阻塞

这个范例程序的关键代码共有两段，分别位于writeValue与readValue方法中。这两个方法都定义在表示传感器的Sensor类里（参见范例6.11）。

范例6.11 只要有线程拿到写入锁，其他想要获得读取锁的线程就必须暂停

```
class Sensor {
    ...
    int getValue() {
        readLock.lock();
        int result;
        try {  result = value; ...} finally {  readLock.
          unlock(); }
        return result;
    }
    void writeValue(int v) {
        writeLock.lock();
        try { this.value = v; ...} finally {
            writeLock.unlock();}
    }
}
```

一定要注意，读取锁与写入锁所在的这个ReentrantReadWriteLock实例是在主线程中创建的，而想要获得读取锁与写入锁的readValue与writeValue方法则放在由ExecutorService实例所提供的工作线程中执行（参见图6.10）。

6.6.3 模式小结

读写锁模式很强大，能够相当有效地提升应用程序的稳定程度。它把更新某个重要数值的那段关键代码与读取该数值的关键代码清晰地划分开，使得同一时刻可以有多个线程读取该数值，但只要有线程写入，所有想要读取的线程就必须停下来等待。本例中的这些类都能够在遵循SOLID原则的前提下，根据需求做出推广或改编。

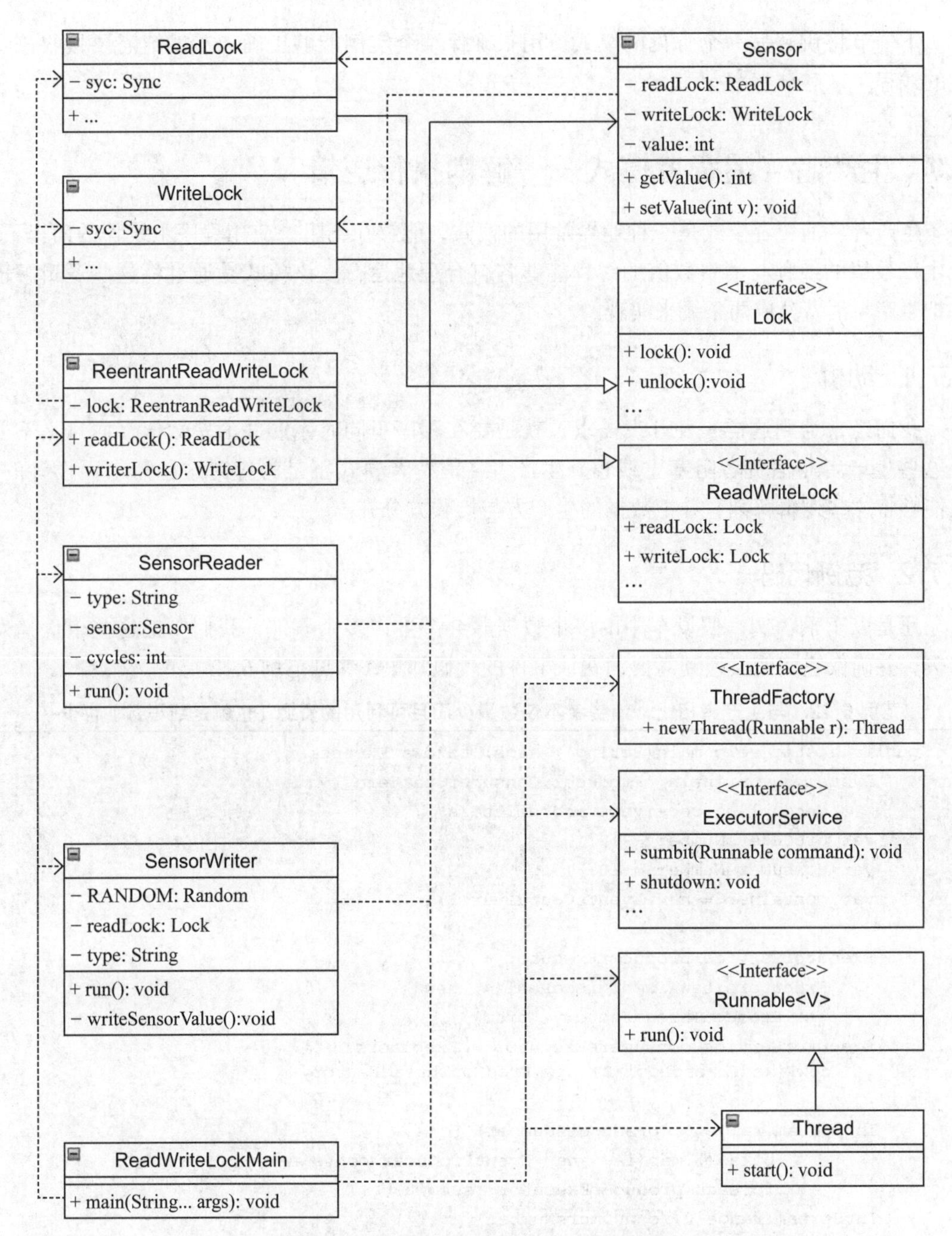

图 6.10　用 UML 类图表示读写锁模式

JDK 还提供了另一种机制来交换像温度传感器的读数之类的值。这种机制由位于 java.base 模块的 java.util.concurrent 包中的 Exchanger 类实现，该类会做出必要的同步，以确保数值交换能够正确地执行。

下一节将讲解另一个常见的模式，用来确保某个实例能够正确地播发给需要接收该实例的线程。

6.7 生产者 - 消费者模式——解耦执行逻辑

生产者 - 消费者模式是一种业界常用的模式，能够在不阻塞应用程序主线程的前提下，让生产数值的线程与消费数值的线程能够各自合理地运行。该模式是通过将这些逻辑解耦并把生产与消费分成两条线来实现的。

6.7.1 动机

我们经常遇到这样一种开发需求，就是要在程序里同时生产并消费数值，而且又不能让这些生产者与消费者阻塞主线程。生产者 - 消费者模式正是为应对这种需求而设计的，它能够将这些逻辑解耦，并把数据的生产方与接收方分开。

6.7.2 范例代码

还是以车辆为例，假设车中的多个数据源会产生许多个事件，我们要把这些事件播发出去，并确保它们能投递到需要消费该事件的代码那里（参见范例 6.12）。

范例 6.12 与生产者相比，消费者不仅数量少而且可利用的资源（也就是线程数）也少

```
public static void main(String[] args) throws Exception{
    System.out.println("Producer-Consumer pattern,
        decoupling receivers and emitters");
    var producersNumber = 12;
    var consumersNumber = 10;
    var container = new EventsContainer(3);

    ExecutorService producerExecutor =
        Executors.newFixedThreadPool(4, new
            ProdConThreadFactory("prod"));
    ExecutorService consumersExecutor = Executors.
        newFixedThreadPool(2, new ProdConThreadFactory
            ("con"));
    IntStream.range(0, producersNumber)
            .boxed().map(i -> new EventProducer(container))
            .forEach(producerExecutor::submit);
    IntStream.range(0, consumersNumber)
            .boxed().map(i -> new EventConsumer(i,container))
            .forEach(consumersExecutor::submit);
    TimeUnit.MILLISECONDS.sleep(200);
    producerExecutor.shutdown();
    consumersExecutor.shutdown();
}
```

程序输出结果如下：

```
Producer-Consumer pattern, decoupling mess
VehicleSecurityConsumer,event:'Event[number=0, source=pool-
prod-0]', number:'0', thread:'pool-con-0'
VehicleSecurityConsumer,event:'Event[number=1, source=pool-
prod-3]', number:'1', thread:'pool-con-1'
VehicleSecurityConsumer,event:'Event[number=3, source=pool-
prod-1]', number:'2', thread:'pool-con-0'
VehicleSecurityConsumer,event:'Event[number=2, source=pool-
prod-2]', number:'3', thread:'pool-con-1'
...
```

用来表示线程池的这两个 ExecutorService 实例都使用 ProdConThreadFactory 类的工厂对象去制造线程，以便在制造线程的时候给它们起一个有意义的名称（参见图 6.11）。

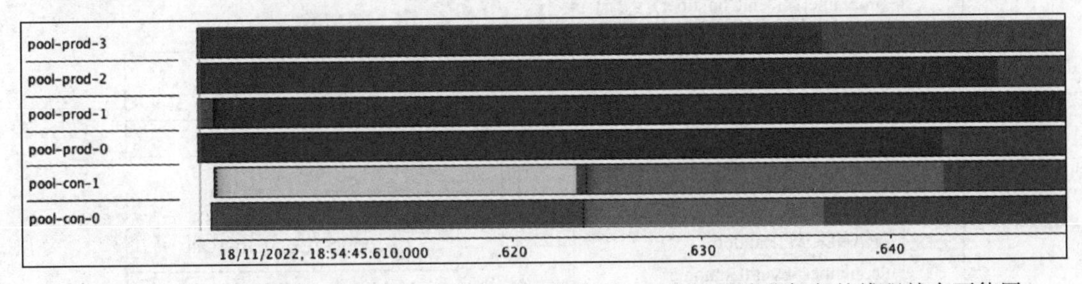

图 6.11　我们让消费者的数量小于生产者，这样的话，负责执行消费任务的线程就有可能因为存放事件的容器已满而阻塞

该模式中的组件都已经解耦，而且能够各自扩展（参见图 6.12）。

6.7.3　模式小结

分布式系统广泛地使用生产者 – 消费者模型。开发这种应用程序时，尤其应该将事件的发送方（也就是生产者）与事件的接收方（也就是消费者）清晰地界定出来，并将其划分到不同的小组里。这样划分之后，我们就能够根据应用程序所需的线程模型，将这些小组分别放置在不同的线程中。

JDK 19 增加了一个叫作虚拟线程（virtual thread）的新概念。Java 平台让这种虚拟线程能够像真实线程那样具备栈帧机制，并通过一些包装，令开发者能够像使用真实的线程一样方便地使用这种线程。我们可以用新添加的 ExecutorService（例如，由 Executors.newVirtualThreadPerTaskExecutor 所返回的那种）把这些经过包装的虚拟线程交给 JVM 去调度，JVM 会把它们放在平台中的真实线程里运行。这样做也能实现生产者 – 消费者模式，只不过在这种方案中，生产者与消费者所使用的 ExecutorService 是 Java 新引入的，而且 ExecutorService 所创建的线程是虚拟线程。

下一节将详细讲解线程的调度并介绍调度器模式。

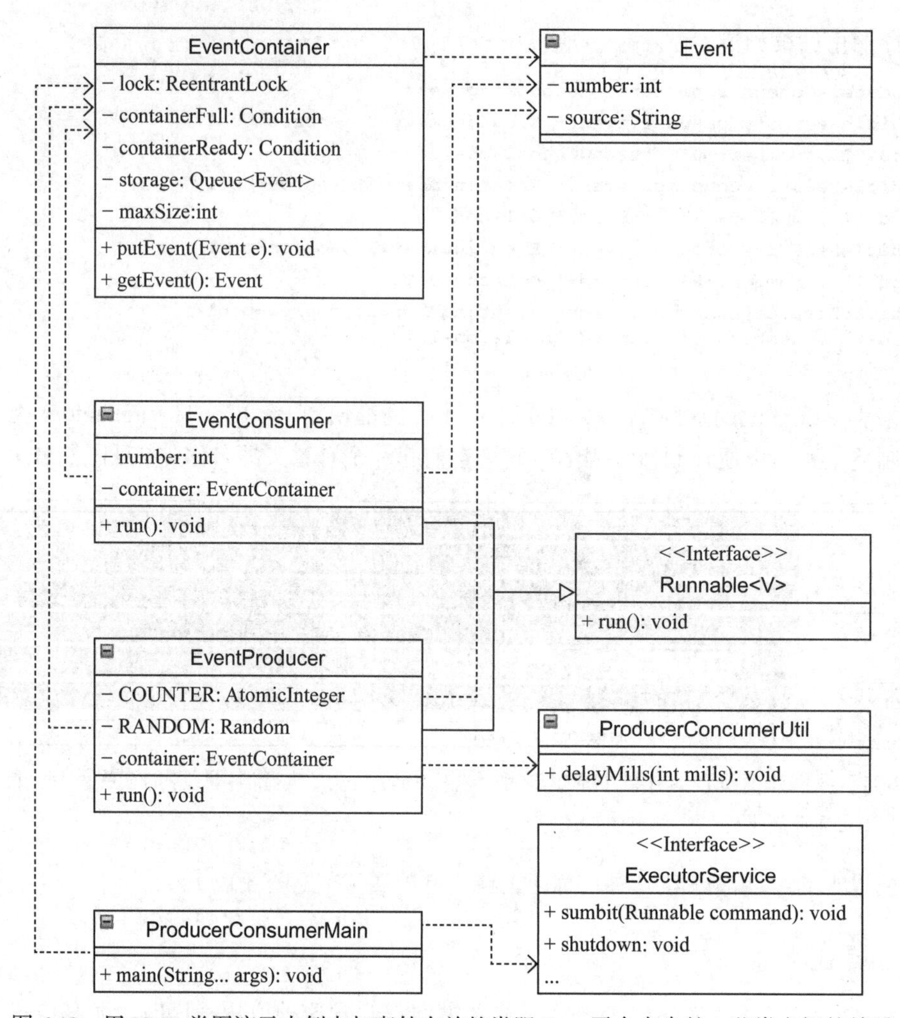

图 6.12 用 UML 类图演示本例中与事件有关的类跟 Java 平台本身的一些类之间的关系

6.8 调度器模式——执行孤立的任务

要想让应用程序顺利运行，一个关键的因素就是我们必须能够确切地知道它的行为方式。调度器模式正可以用来保证这一点。

6.8.1 动机

有些调度器设计得很糟糕，只是为了让应用程序中的各个线程总是处在繁忙状态，尽管如此，但我们还是应该了解调度器的重要作用。在开发微服务与分布式系统的时候，尤其需要使用调度器模式，因为这些系统更加需要以一种可靠的方式来运作。调度器的总体目标是为某项任务选出合适的执行时机，让底层资源得到合理运用，或者让我们在做站点可靠性工程（Site Reliability Engineering，SRE）的时候，更为准确地估算所需的资源量。

6.8.2 范例代码

这次以测量温度为例。每辆车都有温度传感器，这些传感器可能是机械形式的，也可能是数码形式的。温度传感器对保持车辆正常运行起着关键的作用（参见范例 6.13）。

范例 6.13 CustomScheduler 实例每 100 毫秒就从阻塞队列里取出一个 SensorTask 实例并执行该实例所表示的任务

```
public static void main (String [] args) throws Exception {
    System.out.println("Scheduler pattern, temperature
        measurement");
    var scheduler = new CustomScheduler(100);
    scheduler.run();
    for (int i=0; i < 15; i++){
        scheduler.addTask(new SensorTask(
            "temperature-"+i));
    }

    TimeUnit.SECONDS.sleep(1);
    scheduler.stop();
}
```

程序输出结果如下：

```
Scheduler pattern, providing sensor values
SensorTask, type:'temperature-0'
,activeTime:'58',thread:'scheduler-1'
SensorTask, type:'temperature-1',
activeTime:'65',thread:'scheduler-1'
SensorTask, type:'temperature-2',
activeTime:'75',thread:'scheduler-1'
...
CustomScheduler, stopped
```

CustomerScheduler 向我们展示了一种相当简单的实现方案，能够对各项任务的执行流程加以管理（参见图 6.13）。

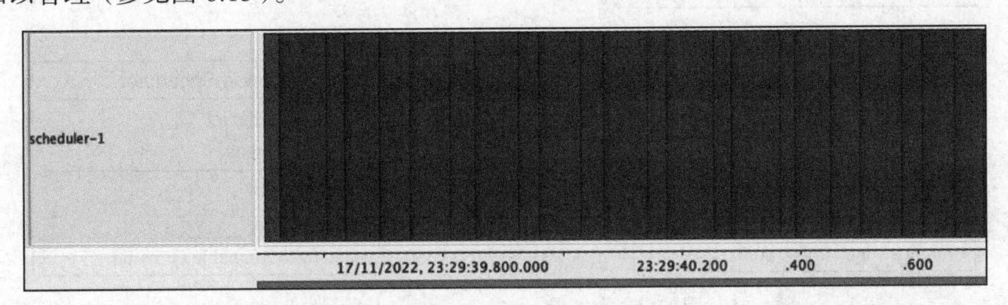

图 6.13 每项任务都有机会得到一个 100 毫秒的时间窗口以执行其中的代码

表示调度器的CustomScheduler类在实例化的过程中会创建一个线程，并利用名为active的标志字段来表示该线程是否处于活跃状态，从而在线程无须继续运作时，令其结束（参见范例6.14）。

范例6.14 CustomScheduler类能够确保每项任务都有机会得到100毫秒的执行时长

```
CustomScheduler  { ...
    CustomScheduler(int intervalMillis) {
    this.intervalMills = intervalMillis;
    this.queue = new ArrayBlockingQueue<>(10);
    this.thread = new Thread(() -> {
        while (active){
            try {
                var runnable = queue.poll(intervalMillis,
                    TimeUnit.MILLISECONDS);
                 ...
                 var delay = intervalMillis - runnable
                    .activeTime();
                TimeUnit.MILLISECONDS.sleep(delay);
            } catch (InterruptedException e) {  throw new
                RuntimeException(e); }
        }
        System.out.println("CustomScheduler, stopped");
    }, "scheduler-1");
    }
}
...
```

建立一个简单的调度器是很容易就能做到的，但除了把调度器建立起来，我们还必须注意程序的线程模型。也就是说，还必须注意各项任务究竟是在哪里执行的，是怎样执行的（参见图6.14）。

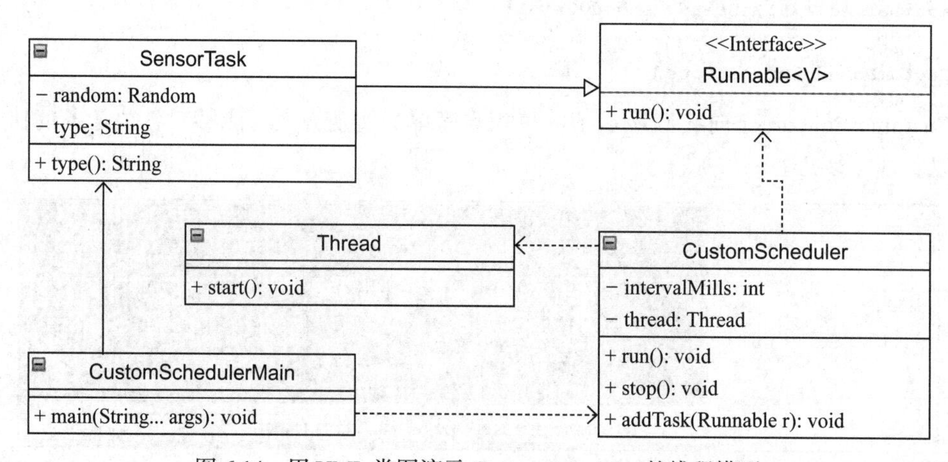

图6.14 用UML类图演示CustomScheduler的线程模型

说到调度器模式的实现手法，必须再讲一个例子才行。这个例子是用 JDK 内置的功能与机制实现的。这种方案会把任务的规划工作完全交给平台去管理。下面这个程序跟刚才的程序类似，它演示的也是温度测量（参见范例 6.15）。

范例 6.15 把提交任务的频率设为每 50 毫秒一次，系统每次都会复用我们传入的 SensorTask 实例，以构建当次提交的这项任务

```
public static void main(String[] args) throws Exception {
    System.out.println("Pooled scheduler pattern ,
        providing sensor values");
    var pool = new CustomScheduledThreadPoolExecutor(2);

    for(int i=0; i < 4; i++){
        pool.scheduleAtFixedRate(new SensorTask
            ("temperature-"+i), 0, 50,
                TimeUnit.MILLISECONDS);
    }
    TimeUnit.MILLISECONDS.sleep(200);
    pool.shutdown();
}
```

程序输出结果如下：

```
Pooled scheduler pattern, providing sensor values
POOL: scheduled task:'468121027', every MILLS:'50'
POOL, before execution, thread:'custom-scheduler-pool-0',
task:'852255136'
...
POOL: scheduled task:'1044036744', every MILLS:'50'
SensorTask, type:'temperature-1',
activeTime:'61',thread:'custom-scheduler-pool-1'
SensorTask, type:'temperature-0',
activeTime:'50',thread:'custom-scheduler-pool-0'
POOL, after execution, task:'852255136', diff:'56'
POOL, before execution, thread:'custom-scheduler-pool-0',
task:'1342170835'
SensorTask, type:'temperature-2'
,activeTime:'71',thread:'custom-scheduler-pool-0'
...
POOL is going down
```

我们自编一个名为 CustomScheduledThreadPoolExecutor 的类，让它扩展 Java 系统内置的 ScheduledThreadPoolExecutor 类，以便覆写 beforeExecute 或 afterExecute 等方法，从而在系统做出一些与任务执行有关的操作时，向用户输出其他一些信息。采用 JDK 内置的调度功能，让我们很容易就能把表示单个任务的 SensorTask 实例扩展到多线程的环境中（参见图 6.15）。

这种利用 JDK 内置的 ScheduledThreadPoolExecutor 所实现的调度器模式，让我们无须从头开始编写全新的方案即可轻松地观察这些任务的调度过程（参见图 6.16）。

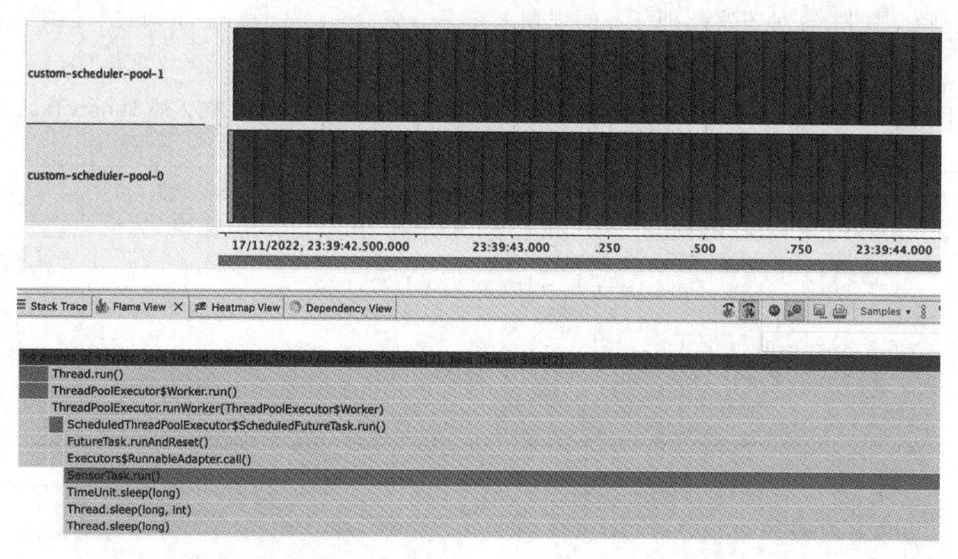

图 6.15 定制一个 CustomScheduledThreadPoolExecutor 类以扩展系统自带的 ScheduledThreadPool-Executor 类，这让我们能够更加轻松地管理线程调度工作以及其他 JDK 自带的功能

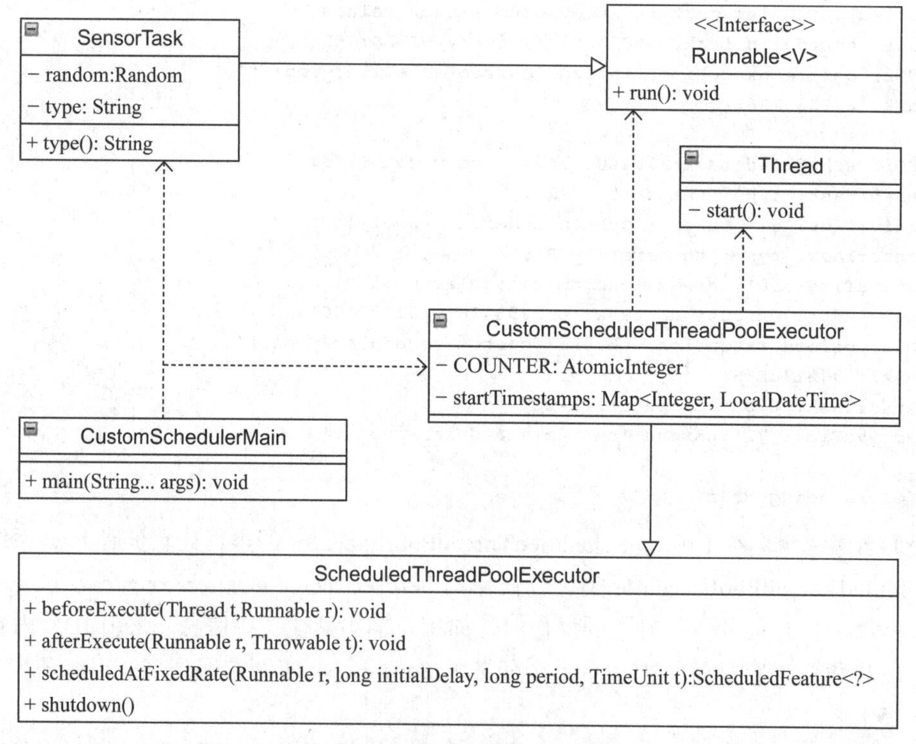

图 6.16 用 UML 类图演示利用系统内置的调度机制以数量极少的代码创建出自己的调度方案

6.8.3 模式小结

这两个预先构造好的范例都演示了调度器模式的实现方式及用途。其中，利用 JDK 内置机制所实现的方案是有许多好处的。我们在实现该模式时，应该注意到这些好处。这种方案能够让 Java 平台更为有效地使用并优化当前可用的资源，例如，能够更有效地做 JIT 动态转译（参见第 2 章）。

6.9 线程池模式——有效地利用线程

我们不一定非要给每项任务都创建一个新的线程，因为那样可能会导致资源得不到合理利用。线程池模式正好可以解决这个问题。

6.9.1 动机

对于生存期较短的任务，我们不用每次都新开一个线程去运行，因为创建线程是要占用底层资源的。如果这些资源遭到浪费，那么应用程序的吞吐量与性能就会降低。所以，比较好的做法应该是利用线程池模式来执行这些任务，该模式会把线程数控制在指定范围内，并且会复用这些线程来执行某一段关键的代码。有了线程池模式，我们就能很轻松地把需要执行的关键代码段封装成工作任务，并将其交给池中的工作线程去执行。

6.9.2 范例代码

我们还是以温度测量为例，假设车辆中有各种测量温度的传感器，这些传感器会用各自的方式完成其测量任务（参见范例 6.16）。

范例 6.16 线程池会根据需求把提交上来的各项测温任务安排到适当的线程里执行

```
public static void main (String[] args) throws Exception{
    System.out.println("Thread-Pool pattern, providing
        sensor values");
    var executor = Executors.newFixedThreadPool(5);

    for (int i=0; i < 15; i++){
        var task = new TemperatureTask("temp" + i);
        var worker  = new SensorWorker(task);
        executor.submit(worker);
    }
    executor.shutdown();
}
```

程序输出结果如下：

```
Thread-Pool pattern, providing sensor values
TemperatureTask, type:'temp3', temp:'0', thread:'pool-1-
```

```
thread-4'
TemperatureTask, type:'temp4', temp:'7', thread:'pool-1-
thread-5'
TemperatureTask, type:'temp2', temp:'15', thread:'pool-1-
thread-3'
TemperatureTask, type:'temp1', temp:'20', thread:'pool-1-
thread-2'
...
```

线程池让我们能够方便地使用系统在其中建立的线程，而且系统会保证只要有任务还没处理完，这些线程就不会闲置。这对应用程序的行为很有好处，令我们能够根据可以使用的资源量更好地做出规划（参见图 6.17）。

图 6.17 线程池的行为展示了创建线程的用法

本例中的关键类型是 SensorWorker 类。这个类实现了 Runnable 接口，并在它所覆写的 run 方法里调用测温任务的 measure 方法，以完成测温（参见范例 6.17）。

范例 6.17 SensorTask 实例把测温任务的 measure 方法包裹在了自己的 run 方法里，这让我们能够在执行测温任务的时候，运行其他一些逻辑代码

```
class SensorWorker implements Runnable {
    ...
    @Override
    public void run () {
        try {task.measure();} catch (InterruptedException
            e) {...}
    }
}
```

除了 SensorWorker 类以及表示测温任务的 SensorTask 接口与 TemperatureTask 实现类之外，我们不需要再自编其他的类型即可让各项测温任务并发地执行（参见图 6.18）。

6.9.3 模式小结

线程池模式让我们又有了一种令应用程序支持并发的方式。它不仅适用于本例这种实现了 Runnable 接口的类型，而且还适用于实现了 Callable 接口的类型。如果你要封装的那项任务是带有返回值的，那么使用实现了 Callable 接口的类来封装该任务，并将其提交给表示线程池的 ExecutorService 对象，会得到一个实现了 Future 接口的对象。这个对象用来表示你提交上去的 Callable 的执行情况，系统会把 Callable 所封装的关键代码段放在与提交时所用的这个线程不同的另外一个线程里，异步地加以执行。换句话说，你并不知道自己具体要等待多久才能得到执行结果，但你可以通过 Future 对象查询任务是否完成或等待该任务产生结果。

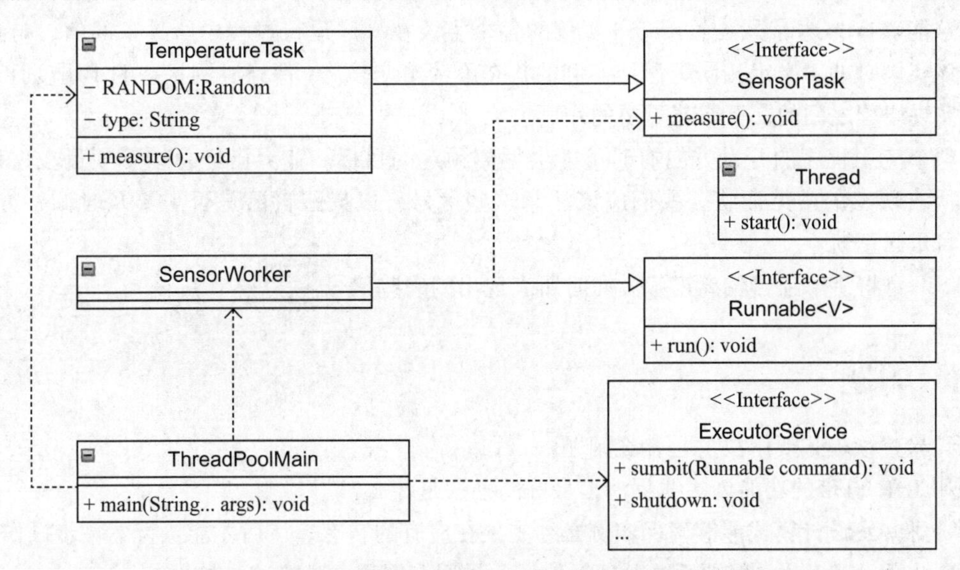

图 6.18 用 UML 类图来演示线程池模式所用到的 Java 平台提供的各种类型

线程池模式同样是一种遵循 SOLID 设计原则的模式，它能够帮助我们合理安排代码结构，让代码维护起来更加容易，也让资源利用起来更为有效。

下面我们把这一章的内容简单总结一下。

6.10 小结

本章演示了解决并发问题时最常用到的几种方案。我们在实现这些方案的过程中，也了解到以前学过的一些知识为何如此重要，只有掌握了那些知识（例如，第 2 章讲过的 Java 平台内部运行机制），才能让自己编写的并发应用程序可以精准而严谨地产生出应有的结果。

目前讲过的这些模式都能够促使我们写出干净且易于维护的代码。其中的许多模式都明确遵循 APIE 与 SOLID 等开发原则。

Java 平台近年来的发展让我们能够更为简便地使用该平台的并发机制。本章的某些范例已经很好地演示了这一点。CompletableFuture 与 Executors 工具类所提供的一些机制很早以前就进入 Java 平台了。除此之外，Java 最近添加的一些特性也值得考虑。例如，虚拟线程当前的目标是在保证底层资源得到合理利用的前提下，提升应用程序的吞吐量，同时又让开发者能够像使用真实线程那样，方便地进行调试并查看其栈帧。另外，Java 最近还引入了一种叫作结构化并发（structure concurrency 或 structured concurrency）的编程范式，让我们能够采用命令式编码风格来使用这个框架，从而更为简便地设计回调逻辑，对一组任务之中的某项任务执行成功或失败等情况做出处理。除了这些提升程序吞吐量或简化并发框架用法的新特性，我们也不应该忘记另一个特性，这就是record类型，这种类型的实例，其字段是不可变的。由于record类型的实例的字段值在该实例创建出来之后就无法再变动，因此这能够有力地确保某个record实例的各个字段在程序运行过程中所具备的值，与当初创建该实例时的值必定相同。保证实例的状态不变（或者说，保证实例状态的不可变性）对正确实现线程之间的交互有着重要的作用。

整个应用程序的开发方向有时可能会偏离预定的目标。业界已经总结了项目在这种情况下所表现出的常见症状。我们应该注意这些信号，以提醒自己是否需要及时调整方向，让项目重回正轨。

下一章将讲解项目偏离正确方向时所表现出的一些信号。

6.11 习题

1. 双重检查锁模式要解决的是什么问题？
2. 想用JDK自带的功能创建线程池，最好的办法是什么？
3. 哪一种并发设计模式能够确保实例必须先处在应有的状态，然后才能执行下一步操作？
4. 反复出现（或者说，需要反复执行）的任务最适合用哪一种模式来处理？
5. 哪一种模式能够帮助我们清楚地划分事件的派发逻辑与处理逻辑？

6.12 参考资料

- *Design Patterns: Elements of Reusable Object-Oriented Software* by Erich Gamma, Richard Helm, Ralph Johnson, and John Vlissides, Addison-Wesley, 1995
- *Design Principles and Design Patterns* by Robert C. Martin, Object Mentor, 2000
- *JEP-425: Virtual Threads*, `https://openjdk.org/jeps/425`
- *JSR-428: Structured Concurrency (Incubator)* (`https://openjdk.org/jeps/428`)
- *Patterns of Enterprise Application Architecture* by Martin Fowler, Pearson Education, Inc, 2003
- *Effective Java, Third Edition* by Joshua Bloch, Addison-Wesley, 2018
- *JDK 17: Class Exchanger* (`https://docs.oracle.com/en/java/javase/17/docs/api/java.base/java/util/concurrent/Exchanger.html`)
- *JDK 17: Class CompletableFuture* (`https://docs.oracle.com/en/java/javase/17/docs/api/java.base/java/util/concurrent/CompletableFuture.html`)
- *JDK 17: Class Executors* (`https://docs.oracle.com/en/java/javase/17/docs/api/java.base/java/util/concurrent/Executors.html`)
- *Java Mission Control* (`https://wiki.openjdk.org/display/jmc`)

第 7 章 Chapter 7

常见的反模式

前面各章都是以一些跟车有关的应用程序为例，这些例子都是笔者为演示如何正确地使用设计模式设计相应程序而假设的。本章还是继续用车辆做抽象来讲解相关知识，因为大家都对车比较熟悉，所以用车做抽象要比用其他事物做抽象更为简单一些。车辆以及车辆中的各种部件理解起来都比较容易。

下面我们快速回顾一下设计模式的重要意义，以及这些模式对软件开发组织所起的关键作用。

Melvin E.Conway 说过，应用程序的设计与实现强烈反映了组织的内部交流情况。虽然这话是很多年以前说的，但在今天仍然有用，现在许多项目采用的都是敏捷开发方法，敏捷开发也很重视交流，而设计与实现能够反映出这种交流情况，所以它们的重要意义变得尤其突出。自动构建、持续集成、持续测试和后续的自动部署都对应用程序能否正确投入生产起着关键的作用。如果不重视这些环节，或者在其中某个环节遇到意外的瓶颈，就无法很好地达成应用程序的主要目标。

在本章中，我们将重新审视开发工作中的某些重要问题，这些问题能够反映出项目有可能偏离了它的主要目标。意识到这些问题，可以让我们写出功能正确、易于维护且易于理解的程序。反之，如果不注意这些问题，就有可能让程序的功能在各个层面上受到不良影响。例如，程序可能会在运行时出错，从而产生意料之外的开销。还有一些错误可能隐藏在应用程序架构中，这会导致项目变得不容易扩展也不容易维护。本章要讲的问题都是在开发工作中多次出现的问题，需要特别关注。

读完本章，你将能够识别反模式，并理解它们对应用程序的影响。

7.1 技术准备

本章的代码文件可以在本书的GitHub仓库里找到，网址为https://github.com/PacktPublishing/Practical-Design-Patterns-for-Java-Developers/tree/main/Chapter07。

7.2 什么是反模式，怎样发现反模式

反模式可以定义成与良好的设计模式或做法恰好相反的模式。这样定义相当于给出了一个底线，凡是突破了这个底线的模式都可以叫作反模式。但是这个定义没有涵盖软件开发工作中的其他一些错误做法，那些做法可能会在特定情境下产生，或者由一系列特定的操作所触发，它们也应该归入反模式。换句话说，凡是增加风险、降低效率，或者导致结果与期望相背离的做法都有可能是一种反模式。我们不单要给反模式下定义，还必须知道某个反模式的产生过程。只有这样，才能验证某种做法是不是反模式。如果要下一个更宽泛的定义，那可以把反模式说成限制我们有效解决问题的做事方法。下面先从理论层面谈谈怎样发现反模式。

7.2.1 从是否违背开发原则的角度发现反模式

软件开发工作中的反模式可能是由多种原因造成的，例如，业务逻辑变动、技术迁移或信息缺失等。总之，反模式确实会在我们开发软件的过程中，由于各种各样的因素而出现，例如，团队规模或是沟通情况等，都有可能成为引发反模式的因素。

我们应该关注的一个重要问题是怎样发现反模式。第1章描述了违背APIE与SOLID设计原则所产生的一些负面效果，这些效果可以视为反模式的症状，它们提醒开发者是否应该考虑重构源代码来消除这些症状。还有一个情况，也能提醒我们注意反模式，这就是软件项目里出现了试图违背**CAP定理**（CAP theorem）的做法，这个定理认为，在C（一致性，Consistency）、A（可用性，Availability）与P（分区容错性，Partition tolerance）这三个特征里最多只能满足两个。想要同时满足三个特征是不可能的，所以不要把开发时间浪费在这个想法上。如果项目里有人想这样做，你们就尤其需要重新审视开发策略了。

虽说APIE与SOLID原则是大家都应该知道的常识，但仅凭这些原则本身还不足以发现所有的反模式。在采用敏捷开发方法或者强调迅速完成每一个小任务的项目里，特别需要注意这一点，因为这些开发项目可能会出现持续的技术债务。持续这个词相当重要，这意味着这些技术债务会不断积累，产生相当糟糕的后果。

7.2.2 注意那些有可能形成瓶颈的技术债务

技术债务是一个很值得注意的概念，我们必须知道软件开发项目所处的环境以及它的目标，这样才能搞清楚哪些问题对于该项目来说是技术债务。有些问题刚开始可能不太显

眼，但若是一直忽视它，则会导致程序里出现严重的瓶颈，这样的问题就属于技术债务。例如，车辆的生产线是由很多个工作流程组成的，这些工作流程的运作方式虽然各有不同，但它们都在平行地推进。如果一切顺利，那么整条生产线就能够产生应有的结果，也就是一辆车。但如果其中某个工作流程遭遇瓶颈，我们就不一定能够得到这样的结果。用车辆生产线来说明瓶颈的重要影响当然很直观，但这个道理在软件开发领域并不太好把握，因为软件开发不能简单地拆解为多个平行的工作流程，所以还要考虑底层技术、平台以及硬件等诸多因素。

说起平台这个因素，Java 平台就有许多必须注意的问题。面对平台问题，我们应该有这样一个基本的认识：开发者必须顺应平台的各种特性，而平台也应该尽力让其上的软件能够良好地运作。

7.2.3 不要错误地使用 Java 平台的功能

第 2 章讲过一些重要的话题，例如，数据类型与内存模型，如果没有正确处理这些因素，那么有可能出现反模式。例如，Java 内存模型，这个模型用来确保应用程序中的各个线程都能看到它们所共用的值，它能够提醒你注意 Java 平台在本质上是多线程的。还有一个跟反模式相关的因素，就是垃圾收集算法，这个算法是在主线程之外的一个线程里单独运行的。由于 Java 应用程序需要使用划拨给它的这块内存空间（也就是堆空间）来运作，因此垃圾收集器需要设法保证这块空间里总是有空闲区域可以用来安放新的数据。

前面讲过的一些知识能够帮助我们避开经常出现在各类反模式中的一种错误做法，这种做法指的就是**不必要的自动装箱**（unwanted autoboxing），或者说，让编译器在原始类型与相应的包装类之间执行一些本来不需要执行的自动转换操作。

自动装箱问题对程序的影响可能不太容易一眼就看出来，要等到程序负载变得比较重的时候，这个问题才会显现。下面举个例子，假设我们要把各种传感器的读数汇集起来，并验证其中的每一个值，如果发现某个值比较突出，就给出警告。看到这样的警告，用户就知道有某个关键的读数需要引起注意。这个警告系统会启动多个线程，让它们并行地验证程序所收集到的这些读数（参见范例 7.1）。

范例 7.1 SensorAlarmWorker 实例会读取程序收到的这些 Sensor 实例中的读数，并在发现紧急值的时候给出警告

```
record Sensor(int value) {}
class SensorAlarmWorker implements Runnable {
    ...
    @Override
    public void run() {
        ...
        while (active) {
            ...
            Collection<Sensor> set = provider.values();
```

```
                for (Sensor e : set) {
                    SensorAlarmSystemUtil.evaluateAlarm
                      (provider, e.value(), measurementCount);}
                ...
            }
        }
    }
```

车辆传感器警示系统肯定要对各种传感器所收集到的大量数据做分析，只有这样，才能及时发现其中的紧急情况并给出警告。然而，如果在开发这款程序的过程中忽视了自动装箱问题，那么会令垃圾收集算法因为频繁回收垃圾而表现得不够稳定（参见图 7.1）。

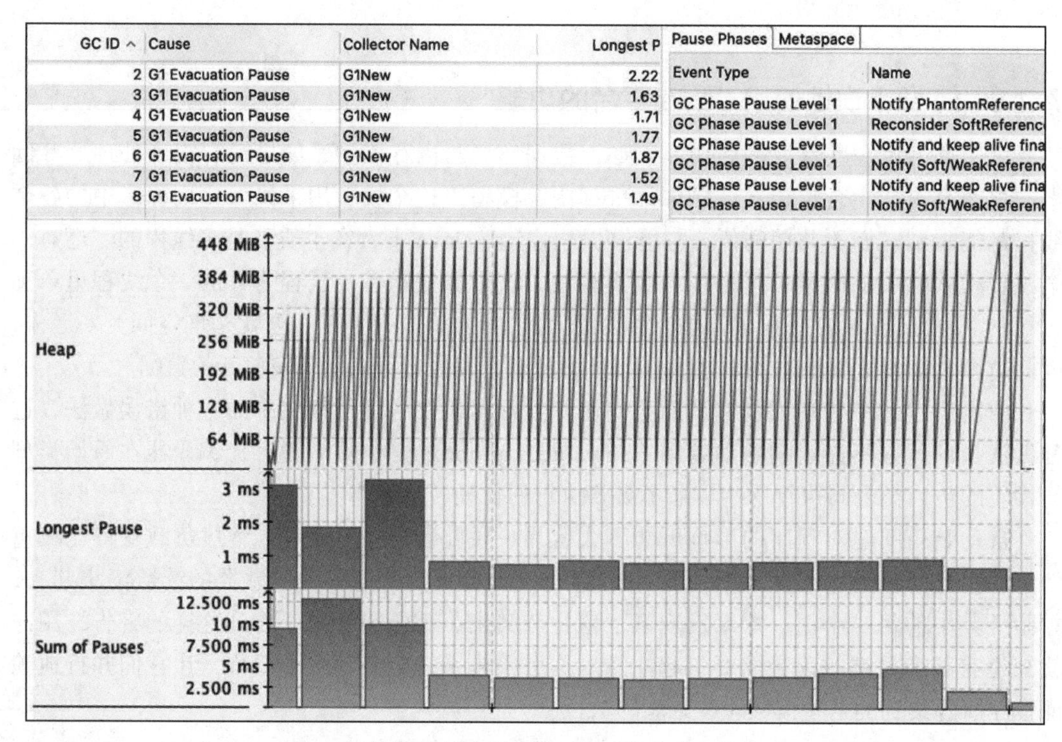

图 7.1 程序因为频繁回收垃圾而出现明显的延迟

导致垃圾收集器频繁回收垃圾的原因可能有时比较容易发现，但也有时会出现在意想不到的地方。比如范例 7.1 就是如此，它的问题出现在 Sensor 这个记录类，该类把整数值设计成了原始的 int 类型。于是，我们在把这样的原始类型值传给 evaluateAlarm 方法去验证的时候，系统就会执行自动装箱操作，把这个 int 型的值包装成 Integer 型的对象。但是，自动装箱操作所包装出来的这个 Integer 对象很快就用不到了，因此导致程序里频繁出现需要回收的垃圾。我们只需要修改一行代码就能给 Sensor 记录类中的 value 字段设计一个合理的类型（参见范例 7.2）。

范例 7.2　把 Sensor 记录类的 value 字段从 int 类型改成与使用该字段的 evaluateAlarm 方法相契合的 Integer 类型

```
....
static void evaluateAlarm(Map<Integer, Sensor> storage,
    Integer criticalValue, long measurementNumber)
...
record Sensor(Integer value) {}
```

这个改动对整个应用程序的效率有很大好处，现在已经不会出现频繁回收垃圾的现象了。换句话说，程序不会再因为无谓的垃圾收集操作所引发的 stop-the-world 事件而出现明显的延迟，这提升了整个程序的运行速度（stop-the-world 事件在第 2 章提过），参见图 7.2。

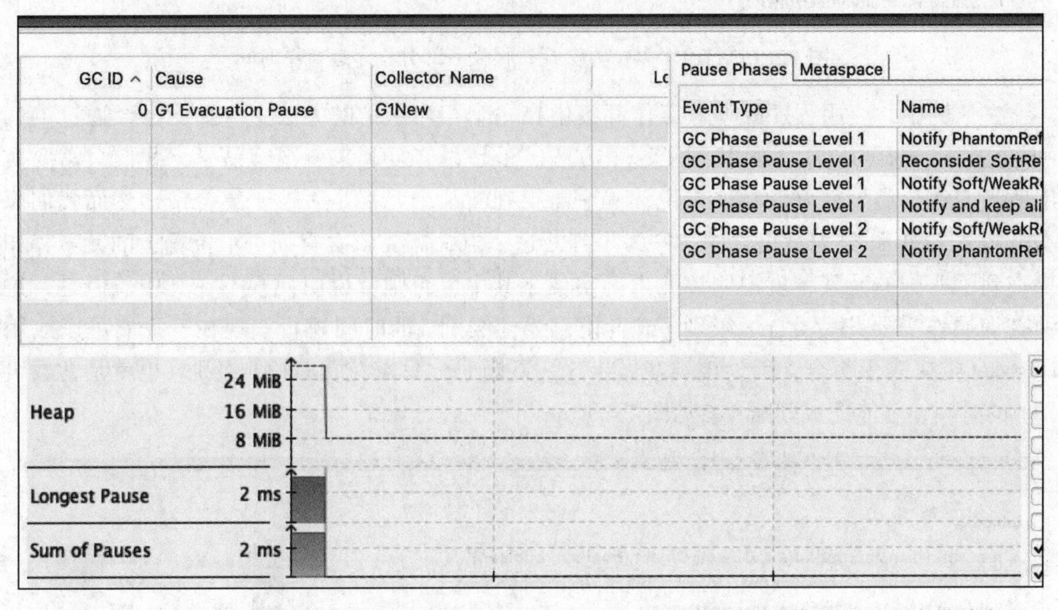

图 7.2　由于程序不再毫无必要地创建许多生存期很短的对象，因此垃圾收集方面的压力就消失了

自动装箱问题有时可以在代码审查（code review，也称为代码评审、代码审读）的过程中发现，代码审查对于消除代码坏味（code smell）与反模式有着关键的作用。

Java 平台提供了许多有用的工具，但如果错误地运用这些工具，那么程序会陷入不良的状态。下一小节我们将介绍其中一些工具是如何误用的。

7.2.4　选择合适的工具

接下来要举的这个例子对于第一次看到这种代码的人来说，可能根本算不上代码坏味。Java 平台提供了许多相当有用的工具，适当地选择并运用这些工具能够让应用程序运作得相当好，但如果选得不对，就有可能出现不良的后果。Java 集合框架所提供的各种数据类型就是如此（第 2 章的讲过其中经常用到的几种）。如果选择的数据类型不合适，就有可能导致程序过多地耗费底层资源，从而出现性能瓶颈。这样的问题在数据量较少的情况下或许并不明显，但如果负载增加，就会显现出来，从而对应用程序的相关部分造成很大影响。这种问题可以称为**繁忙方法**（busy method）或者**热点方法**（hot method）问题（参见图 7.3）。

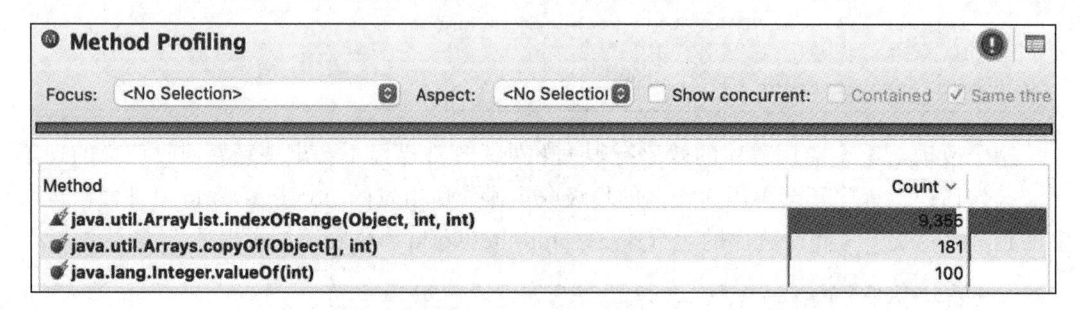

图 7.3 执行某个繁忙方法耗费很大一部分程序运行总时间

在本例中，应用程序的计算工作都集中在一个相当繁忙的方法上。我们已经通过 Java Flight Recorder（JFR）工具找到了这个方法。于是，修复起来就很容易了，我们只需要换用适当的集合类型就好。具体来说，程序需要判断某个元素是否位于集合中，然而我们原本是用 ArrayList 类表示集合的，它为了判断这一点，需要依次查询每个位置上的元素，如果查到了匹配的元素，就说明该元素确实位于其中，否则，说明元素不在其中。但是，这种查询操作需要花费 `O(n)` 级别（或者说，线性级别）的时间才行。现在，我们可以改用 HashSet 类来表示集合，因为该类在做出这一判断时，只需花费 `O(1)` 级别（也就是常数级别）的时间，就能完成判断（参见图 7.4）。

Method	Count
java.util.HashMap.putVal(int, Object, Object, boolean, boolean)	1,422
java.util.HashMap.newNode(int, Object, Object, HashMap$Node)	1,278
java.util.HashMap$HashIterator.nextNode()	930
chapter07.hot_methods.VehicleDataContainer.countIntersections(VehicleDataContai	798
java.lang.Integer.valueOf(int)	440
chapter07.hot_methods.VehicleDataContainer.init(int)	275
java.util.HashMap.hash(Object)	121

图 7.4 修正后的程序的总体计算时间较为平衡地分布在各个方法上

这种修正能够提升程序的吞吐量，而我们这个车辆数据分析程序正需要对收集到的大量数据做出分析。所以，提升程序的吞吐量对于车辆数据来说是很有意义的。

由本例可见，某些代码坏味一开始可能并不明显，但只要选择合适的工具，就有可能将其凸显出来。下面我们把前几小节的内容总结一下。

7.2.5 代码坏味反模式小结

本节的开头说到，违背软件的开发原则会导致代码出现坏味，而这就是一种反模式。

然后，我们通过一个例子演示了未能引起开发者重视的代码坏味会对应用程序的目标造成哪些威胁。我们当时提到了程序里有可能出现瓶颈的几个地方，并且提醒大家注意，必须先考虑到每个问题是在什么样的情境下出现的，然后才能着手解决该问题。如果还没理解与这个问题有关的重要细节就急着消除瓶颈，那么可能会导致另一个反模式出现，从而令你陷入无休止的重构循环，7.2.3 节的例子演示了怎样正确地理解并移除程序中的性能瓶颈（参见图 7.1 和图 7.3）。

在没有把底层的技术债务弄清楚之前急着去优化代码，也容易形成反模式。这有可能导致应用程序的处理能力无端降低，也可能令其表现出不应有的行为。

下一节将讲解软件开发中特别容易出现的几种反模式，但是在这之前，还必须再说几句。凡是出现技术迁移的地方都有可能形成技术债务（这也包括那些误导人的信息），而这些技术债务则有可能导致程序中出现反模式。在做技术迁移的过程中，选用不合适的 Java 工具或者对 Java 编程语言背后的理论缺乏了解，都有可能造成技术债务，进而形成反模式。至于怎样选取工具才算合适，或者什么样的理论才值得坚持，则是个容易引起争议的话题，这就留给各位读者自己去判断吧。

7.3 认识软件开发中常见的反模式

本节讨论的这个话题涉及各种反模式，其中有些反模式的名字听起来很搞笑，但它们造成的影响绝对让人笑不出来。有的反模式可能是因为没能严格遵守开发纪律而造成的，这些反模式导致团队成员无法拥有便于测试、结构良好且容易维护的代码。与之相对，遵守这套开发纪律而写成的代码通常则称为**干净代码**（clean code）。下面几小节将介绍代码库（尤其是方法的实现代码）中经常见到的几种反模式。

7.3.1 意大利面条式的代码

许多因素都会导致应用程序的代码结构变得错乱，而这正是能够提醒我们注意代码坏味的一个明确信号。在这样的项目中，很容易出现一种极为常见的反模式，也就是**意大利面条式的代码**（spaghetti code）。这样的代码不容易受到重视，因为它们并没有对接口造成明显的影响，即便出现了这种代码，接口也依然能够保持内聚，而它里面的实现代码却是由那种篇幅很长的方法组成的，而且那些方法之间的依赖关系比较混乱（参见范例 7.3）。

范例 7.3 drive() 方法包含从发动机的控制逻辑到制动器的检测逻辑

```
class VehicleSpaghetti {
    void drive(){
    /*
      around 100 lines of code
      heavily using the if-else construct
     */
     }
...
}
```

这样实现出来的方法会导致应用程序很难扩展，也让我们很难验证程序的功能。这些代码有时会变成无人打理的遗留代码，进而成为开发者为自己的编程失误所寻找的借口，他们会说，这是以前的代码里遗留下来的问题，不能怪我。但是，这样的借口并不能让应用程序变好，要想有所改观，我们应该重构这些方法并把其中的代码理顺才对。

7.3.2 复制粘贴式编程

这可能也属于出现频率很高的一种反模式，它指的是把从前编写的代码照搬过来，以解决现在遇到的问题。这看起来似乎是在巧妙复用已有的代码，但它很快就会给维护工作带来重大困难，因为这些代码当初是在特定条件下针对特定问题而写的，如果你把这些代码当时所要应对的问题抛开，那么看到代码的人会很困惑，他们不知道你为什么要用这种办法来解决现在这个问题。如果当初写的代码本身就容易产生反模式，而且没有遵循前面几章讲到的开发原则，那么把这些代码照搬过来之后所引发的问题就尤为严重。以前写过的代码必须通过明智的方式复用，以确保这样做不会损害应用程序的正常开发工作。

7.3.3 blob

这个反模式出现在许多老式的系统与应用程序中，那些系统与程序是由一段超级长的代码组成的，而没有明确划分成模块。有些开发者觉得现在已经不会再有这个问题了，但事实并非如此乐观。即便是以模块形式开发的框架，有时也难免会写成这个样子。另外，如果某个包用来容纳一个最为基本的类集（或者说，用来容纳其他类型都需要依赖的一个类集），那么这样的包中也有可能出现 blob，有时甚至会演变成一个全能的上帝类（God class）。控制器（controller）类里也容易出现这个反模式，这些类用来控制整个应用程序的行为。控制器会吸引功能各不相同的一大批方法，进而导致开发者忘记将这些方法所关注的需求明确划分到不同的类里（参见范例 7.4）。

范例 7.4 VehicleBlob 类的实例想把控制每一种汽车部件的功能全都包含进来

```
class VehicleBlob {
    void drive(){}
    void initEngine(){}
    ...
    void alarmOilLevel(){}
    void runCylinder() {}
    void checkCylinderHead(){}
    void checkWaterPump(){}
}
```

如果有人认为这种代码维护起来没什么问题，那可能有些说不通，因为这样的代码很难测试，有时甚至根本无法测试。单例模式若是遭到滥用，也有可能出现类似的问题。只要发现代码里出现 blob 反模式，我们就应该及时考虑简化程序的类型体系，在代码还没有变得彻底无法收拾之前把它重构得清楚一些。

7.3.4 熔岩流

干净代码有时是一种漂亮的说辞。实际上，现在很多人经常采用的做法是不经思考就直接把那种为了验证概念而开发的程序投放到生产环境中。如果项目的兼容性或可扩展性出现问题，那么我们通常应该看看代码里是否有了这个反模式。概念验证（proof of concept）只能说明某种方案有可能成功，但这并不意味着经过验证的产品可以直接投入生产了，因为这样的产品可能是匆忙拼凑的，未必符合公认的开发原则，也不一定运用了它应该使用的技术。如果你发现有些类的实现代码特别长，大家已经逐渐搞不清这些代码的意思，但又没人敢删减，生怕影响了整个系统，那就应该看看是不是出现了这个反模式。它名字中的熔岩一词是指火山喷发时流出的灼热液体，这种液体会缓慢推进，直至遇到某物使之起火。在目前这个微服务、分布式系统与云端平台比较流行的时代，有人会把多个程序都需要用到的一组功能包装为一个程序库或者一套解决方案，有些库与方案或许是直接从测试环境里搬过来的。如果你在开发过程中发现了这个反模式，那么或许应该重新评估项目的设计，例如，你可以画一些图来呈现项目的结构，并根据图中显现的问题及时调整项目，别让它着火。

7.3.5 功能分散

现在谈这个反模式似乎有些过时，因为目前我们有各种框架可以使用，而且这个反模式主要出现在过程式的编程语言中。但实际上，这个反模式还是应该引起注意的，因为许多遗留系统都是在开发者尚未充分理解其代码与业务逻辑的时候匆忙迁移到新式编程环境中的。这样的反模式很容易就能看出来，因为如果项目里有好多个类都用来完成同一项工作，这些类缺乏抽象，也不够内聚，那么你肯定知道有某个功能实现得太过分散了。造成这个反模式的根本原因可能是开发者没有理解面向对象编程语言的基本原则，或者误解了应用程序的目标。解决办法是在遵守编程原则的前提下重构代码，以适当提升其抽象程度。

7.3.6 船锚

有的时候，某个程序或者软件中某个新开发的组件可能会继承一套过时的抽象机制，这其实是没有必要的，因为这些过时的机制应该像扔进水里的船锚那样被抛到别的地方。这种过时的抽象会让程序里出现瓶颈，因为它要求开发者花时间去维护，而且经常有人把这种抽象反复运用在项目中的多个地方，从而导致需要维护的地方变多。如果在许多组件所共享的程序库或模块里这么做，那就更不应该了。这个反模式会导致程序代码在各个方面都迅速变糟。

要想消除它，有个简单的办法就是告诉自己应该遵守SOLID设计原则与APIE理念，并且持续重构源代码。在重构的过程中，你有机会运用前面学到的一些模式。

7.3.7 软件开发中的反模式小结

无论对哪个项目来说，发现并描述那些与公认的开发原则及开发方式相背离的反模式都是有意义的。我们在这一节里看到了在编写软件代码的过程中经常遇到的几种反模式，并且知道了如何消除这些反模式，让代码变得容易维护且容易理解。最后笔者还想说一句，就是要给方法、字段与类取个合适的名字，这会大幅提升代码的可读性与可维护性，并降低用户误解与误用 API 的概率。另外，恰当的名称还能让我们画出来的 UML 图更容易理解。下一节将讲解软件架构方面的几种反模式。

7.4 软件架构中的反模式

清晰地理解类、包与模块的组合方式，不仅对应用程序本身来说很关键，而且对平台的优化工作也很重要（参见第 2 章）。Java 平台会收集字节码中的一些重要信息，把能够优化的字节码交给 JIT 编译器做动态转译，以提升执行速度。如果代码质量或是软件架构做得不好，那么 Java 平台就无法做出更多的优化，从而导致程序出现延迟、占用内存量过多或者崩溃等问题。下面我们就来说说对程序与平台优化工作可能造成障碍的几种反模式。

7.4.1 金锤

如果某种做法已经有效运作了一段时间，并且在此期间没有人探寻其他的替代方案，那么这种做法很有可能变成遗留代码进入新的项目。至于为什么很难接受替代方案或者很不愿意迁移，可能是因为开发者已经习惯了这种做法（也就是习惯了这种叫作金锤的反模式），他们认为既然这种做法用了这么多年都没有问题，那为什么还要改呢？有一个很典型的例子，就是厂商专用的数据库或工具，如果你只认这种工具，那么在把应用程序迁移到微服务或者分布式架构的时候，就会遇到问题。

其中一个问题在于可伸缩性（scalability，也叫作可扩展性），根据提到的 CAP 定理，C（一致性）、A（可用性）与 P（分区容错性）之间最多兼顾两个，但如果你坚持使用这种只针对某个厂商的工具，那么就连两个特征可能都达不到，因为这种工具或许无法在各个模块或应用程序的各个部件之间通用。

在应用程序的架构中使用特定厂商的产品本身未必是个问题。真正的问题在于，你可能并没有仔细评估该产品的能力就决定完全依赖它来开发应用程序中的各种功能。

要想消除这个反模式，可以重新评估当前的开发方式，并寻找更为有效的解决方案，让应用程序变得更加容易扩展与迁移。

7.4.2 频繁更替

改进是一直在发生的。有了自动部署或持续集成技术的支持，目前我们可以把产品方便地放在各种情境下测试，然后发行。于是，产品的更新换代速度变得很高。Java 平台就是个典型的例子，它的换代周期已经缩短到了6个月。这种更替速度很容易让项目中出现这个反模式，因为我们必须不停地重构，才能尽快发布新版产品，然而这样的重构会导致产品的许多功能迅速遭到淘汰。

如果某个项目无法通过持续集成与持续交付顺利推进到下一阶段，那么你很快就会意识到，项目里是不是出现了这个反模式，或者说，是不是出现了更替过于频繁的问题（参见范例7.5）。

范例7.5 VehicleCO接口里的许多方法都过时了，但我们还是得给这些方法做测试

```
interface VehicleCO {
    void checkEngine();
    void initSystem();
    void initRadio(); /* never used */
    void initCassettePlayer(); /* never used */
    void initMediaSystem(); /* actual logic */
}
```

持续集成与持续交付并不能保证项目代码一定可以继续维持清晰、易懂的状态，因为它们本身也需要遵照一定的开发纪律来执行。如果做得不到位，那就无法保证的代码质量。我们可以通过持续的代码审查让代码保持干净整洁，并且坚持运用面向对象的原则与适当的模式，这样就能减少项目陷入频繁更替的概率，而且这对整个程序的架构也有很大的好处。

7.4.3 输入问题

这个反模式虽然未必能一眼就看出来，但仍是个相当常见的反模式。有个很典型的例子，就是多个相互连接且需要测试的服务，如果其中某项服务的功能开始偏离正轨，那就有可能出现这个问题。你可能会迅速打造一个权宜的方案，但这种临时拼凑的办法会产生许多附加的影响。由于你可能为了让这个方案迅速通过测试而禁用了其他一些测试，因此服务的响应时间会因为无法顺利处理某些输入数据而变长。然后你可能又要给更多的服务打补丁，这会导致越来越多的测试遭到禁用。而禁用的这些测试有可能对应用程序的完整性起着重要作用。

消除这个反模式的办法是坚守测试纪律，不要绕开关键的测试，以确保你的临时方案能够对各种输入值做出验证，并保证输出的信息能够反映系统的最新状态。

7.4.4 雷区探险

那种完全由一大团代码构成的应用程序现在早已不存在了。当前的程序大多是分布式的，我们依靠测试来保证自己能够持续交付新版程序，并且能够放心地重构代码。尽管这些测试可以把现有的一些问题覆盖到，但还是无法确保所有代码整合起来之后一定不会出问题。如果有人对程序里的某个地方做了改进，但是并没有相应的测试来覆盖这个改进，那会如何？有时即便代码里有一个相当小的变化，也会让整个程序出现大问题，在这样的项目里修改代码就好比走在布满地雷的区域一样。这个反模式的应对办法很明显，这就是重构。你可以把容易受影响的这一部分单独划分出来，为其编写容易操作的测试，以确保这一部分能够稳定地运作。你在测试过程中会发现各种有可能出问题的地方，并针对这些地方也进行测试，这会让项目的测试慢慢完善。

7.4.5 用意不明

在微服务与分布式系统设计方法流行的今天，这个反模式对最终产品造成的损害可能相当大。如果它长时间出现在项目里，就有可能导致项目呈现洋葱式的架构，这种架构从外形上看，似乎是在遵循关注点分离原则以及其他一些 SOLID 原则，让程序中的各个部分像洋葱那样一层一层地卷起来。但实际上，它并没有体现出这些原则所追求的效果，因为遇到这种架构的人很难搞清楚这样一层一层地包裹究竟是为了什么。如果你发现自己总是创建出一些不够清晰的服务，然后又通过一些实体在各层之间传递含混的信息，从而导致整个架构变得模糊，那就说明项目里可能出现了这个反模式。这样的反模式在项目开发初期就能够被察觉，因为它所呈现的设计模型以及由此形成的软件设计方案并不符合 SOLID 原则，这样的模型所传达的信息不完整，我们搞不清它是从哪个角度切入的。还有一些模型可能是同时从多个视角打造的，因而其中的内容有所重复。解决办法是有效运用 UML 等建模技术，以确保项目拥有清晰的模型，并确保根据这个模型写出来的源代码，其含义是清楚的。

7.4.6 幽灵

这个反模式也需要引起注意。如果你发现项目里有些功能不是你想要实现的，这些功能有时起作用，有时却又消失不见，那就应该注意是否出现了幽灵现象。这种现象是因为项目做了过于复杂的抽象，而且出现了一些根本没必要存在的实现类。Java 平台上有几种框架，在这些框架里正隐含着这种无用的功能。在使用 AspectJ 以及其他一些面向方面的编程（Aspect Oriented Programming，AOP）框架时，或许就会遇到这个现象，因为它们有可能直接给程序带来一些奇怪的副作用。解决办法是重新审视并厘清项目的类型体系以及各种对象的生命期。

7.4.7 死路

IT 行业的发展速度很快，技术更新的方式与流程也变得越来越多。因此，如果你的项目依赖一些很早之前就纳入系统架构的组件，而这些组件迟迟没有更新，那么将来想移除它们的时候，就会遇到相当大的困难。以 Java 的版本迁移为例，如果你一直因为那些陈旧的组件而停留在旧版的 Java 上，那么项目不仅无法享受新版的支持，而且其维护成本还会越来越高。另外，你在扩展应用程序的时候，也有可能遇到这个问题，因为旧版的技术可能无法应对规模扩大之后的程序，从而导致你无法有效地测试扩展效果。

尽管你可以运用前面讲过的一些办法化解这样的局面，但笔者还是建议你考虑其他的替代方案，因为你为了破解僵局而使用的这些办法可能会带来巨大的开销。

7.4.8　软件架构中的反模式小结

本章列出的这些反模式并非全都毫无正面意义（例如，金锤与死路这两个反模式就有可能激发我们拿出更为完善的方案）。但是一般来说，即便某个反模式可能蕴含着正面意义，也必须先审慎地评估，然后再决定是否沿着这个模式继续做下去，并辅以文档记录。

Java 是一门很强大的语言，也是一个很强大的平台，这一方面是因为它允许开发者方便地操控实例的状态，另一方面是因为它让我们能够把某些实体设计成不可变的实体，以确保其状态得到维持。在编写并发应用程序的时候，尤其要注意对象状态是否可变这一问题，因为开发者不仅要让自己写起来比较方便，还得让写出的程序能够利用到 Java 平台的一些机制，以确保该程序在多线程环境下不会陷入混乱（参见第 2 章）。并发环境让我们能够以更多的方式去编写程序并提升其效率，然而与此同时，也可能导致我们错误地运用某些设计模式，比如单例模式，它在单线程环境下可以直接使用，但是到了多线程环境下，则必须升级为双重检查锁模式，以确保多个线程不会各自创造出一个实例。之所以会发生这样的错误，有时可能是因为开发者没有理解平台的某些特征（而不是因为其所使用的框架有问题）。

测试覆盖度不够、缺乏编程纪律、信息或能力不足都有可能导致项目里出现反模式。从整个项目架构来看，想验证某个功能实现得是否正确，有时很难完全做到，即便这样做了，也会给对象仿制（mocking）或调试工作带来其他一些复杂的问题。所以总的来说，必须确保项目的代码结构清晰易懂，这是应用程序取得成功的一个关键要素。

7.5　小结

了解什么是反模式以及如何发现反模式，对开发可行的应用程序有着重要意义，分布式系统尤其如此。这一章的内容告诉我们，未能很好地了解 Java 平台及其工具会导致程序表现不佳（例如，可能给运行在其他线程里的垃圾收集算法带来巨大压力，并且让系统无法做出优化）。反之，若能意识到 Java 平台的多线程特质，则可以写出能够发挥这种优势的代码，而且可以适当利用不可变的对象更顺畅地推进应用程序开发工作，或者说，让我们能够持续地重构。

有些反模式的根源在于缺乏测试，我们可以从测试环境里开始探查反模式，或者从测试环境出发，判断我们是否需要重构。这些编译过的测试代码不会部署到生产环境中，因此我们完全可以先在测试环境里充分探索并理解程序的行为，然后再根据这些知识去认识反模式。

Java 平台与我们使用的其他程序库都在迅速变化，要想让程序代码能够稳步更新，一个关键因素就是要正确运用开闭原则（OCP）。这条原则有助于我们持续重构项目，这对于健康地推动代码进化是必不可少的。

反模式是我们在开发应用程序的全过程中必须面对的一部分。项目里难免会有反模式，在我们推进项目的时候，反模式会以各种形式呈现。大家或许不应该想着彻底消除反模式，而是应该理解这些反模式的出现原因与危害，并持续降低它们对项目代码的影响，让项目始终处于较为合理的状态。在应用程序的整个开发过程中，我们会持续做出改进，而通过编写代码来解决我们遇到的各种问题应该是一件愉快的事。

Java 平台本身目前也有许多问题需要解决，但它依然是一个集数学、统计学与概率学于一体的美妙平台。

现在，恭喜你读完了这本书。每读过一本书，都能促使你开始读另一本，我们就是应该像这样，持续寻找灵感并始终乐于探索，从而享受编写代码与设计软件的乐趣。请保持开放的心态，多吸收有益的知识吧。

7.6 参考资料

- *Design Patterns: Elements of Reusable Object-Oriented Software* by Erich Gamma, Richard Helm, Ralph Johnson, and John Vlissides, Addison-Wesley, 1995
- *Design Principles and Design Patterns* by Robert C. Martin, Object Mentor, 2000
- *AntiPatterns: Refactoring Software, Architectures, and Project in Crisis* by William J. Brown, Raphael C. Malveau, Hays W. McCormick III, and Thomas J. Mowbray, John Wiley & Sons, Inc, 1998
- *CAP Twelve Years Later: How the "Rules" Have Changed*, `https://www.infoq.com/articles/cap-twelve-years-later-how-the-rules-have-changed`, 2012
- *Phoenix Project: A Novel About IT, DevOps, and Helping Your Business Win* by Gene Kim, Kevin Behr, and George Spafford, IT Revolution Press, 2016
- *How do Committees Invent?* by Melvin Edward Conway, Datamation 14, site 5, pages 28-31, 1968
- *Mission Control Project*, `https://github.com/openjdk/jmc`

习题参考答案

第1章

1. 由编译器与JVM及JRE负责。编译器把Java代码编译成字节码，这样的字节码由JVM及JRE来执行（参见图1.3）。
2. 分别表示抽象（Abstraction）、多态（Polymorphism）、继承（Inheritance）、封装（Encapsulation）。
3. 支持两种多态，一种是静态多态，也就是方法重载，另一种是动态多态，也就是方法覆写（又称为方法重写、方法覆盖）。
4. 这套原则是SOLID，其中包括单一功能原则（SRP）、开闭原则（OCP）、里氏替换原则（LSP）、接口隔离原则（ISP）、依赖反转原则（DIP）。
5. 这条原则的意思是程序应该对扩展开放，对修改封闭（或者说，应该很容易让别的代码去扩展，但它本身的代码并不需要频繁修改）。
6. 设计模式描述了某种常见的问题以及该问题的解决方案，用这样的方案处理问题能够设计出易于维护的软件。

第2章

1. Java平台由JVM（Java虚拟机）、JRE（Java运行时环境）以及JDK（Java开发工具包）这三个基本部分组成。
2. 因为开发者在Java代码中必须先声明某种类型的变量，然后才能为该变量赋值，所以说Java是一种静态类型的编程语言。
3. Java语言有8种原始类型，分别是boolean、byte、short、char、int、float、long和double。

4. 垃圾收集器（又名垃圾回收器）。
5. Queue、Set 和 List。
6. 键值对。
7. O(1)。
8. O(n)。
9. 接受的是 Predicate<T> 函数接口，这个接口里的抽象方法是 test 方法，它有一个类型为 T 的输入参数，它的返回值类型是 boolean 型。
10. 采用惰性求值方式来处理。

第 3 章

1. 创建型设计模式要解决的问题是怎样把对象的实例化流程抽象出来，将其委派给应用程序里负责该流程的相关部分。
2. 依赖注入模式、惰性初始化模式以及对象池模式能够降低创建新对象的开销。
3. 某种类型的对象在 Java 程序运行期间只应该有唯一的一个实例。
4. 建造者模式让用户能够通过一套建造方法配置出许多相似的对象，这样我们就不用设计那么多个重载的构造器了。
5. 可以考虑用工厂方法模式或抽象工厂模式把复杂的对象拼装逻辑隐藏起来，让客户代码看不到这些逻辑。
6. 对象池模式可以缓解这个问题，它会把已经创建好的对象放在缓存里以供复用，这样就不用频繁分配新实例并销毁无用实例了。
7. 要想管理某一系列对象（或者说，某一体系内的各类对象）的创建逻辑，最为有用的模式是工厂方法模式。

第 4 章

1. 结构型设计模式要解决的问题是如何定义一套灵活而清晰的对象结构，让这些对象能够方便地通信。
2. 出现在 GoF《设计模式》一书之中的结构型设计模式有适配器模式、桥接模式、组合模式、代理模式、享元模式、外观模式和修饰器模式。
3. 组合模式能够把相关的对象整理成树状结构，另外，这个模式还能让我们用统一的方式对待这些对象。
4. 标记模式能够给需要在程序运行期间予以特别处理的对象贴标签，然而在运用这个模式的时候，一定要注意到它的缺陷。
5. 代理模式能够用来实现这样的效果，注意，这里不应该用适配器模式或外观模式，因为这两个模式的目标并不是做代理，适配器模式是为了让不兼容的对象兼容，外观模式是为了给用户提供一套统一的接口，以便访问这套接口背后的各种对象。

6. 桥接模式。

第 5 章

1. 里氏替换原则（LSP，Liskov Substitution Principle），也就是 SOLID 设计理念之中的 L，参见第 1 章。
2. 迭代器模式。
3. 有，这就是策略模式。
4. 空对象模式，该模式提供一种特殊对象，以代表某个状态未定或者暂不存在的对象，使得程序免于陷入空指针异常。
5. 用来拼接各种操作的管道模式、map() 与 filter() 等方法用到的策略模式，以及用来表示空白数据流的空对象模式。
6. 可以用观察者模式来通知对某个事件感兴趣的各方，另外，这个模式也让设计者能够方便地设定条件，以决定应该在什么样的情况下通知什么样的观察方。
7. 命令模式，因为这种模式使用独特的对象来表示每个命令。既然把命令表示成了对象，那么用户就可以将这样的对象当成参数传给系统，使得系统能够在必要时触发由该对象所表示的命令，进而轻松地实现回调机制。

第 6 章

1. 双重检查锁模式要解决的问题是如何确保某个类在 JVM 里只有唯一的一个实例，以防止程序在多线程环境下创建出该类的多个实例。
2. 最好的办法应该是使用 Executors 工具类，它位于 java.base 模块的 java.util.concurrent 包中。
3. 阻行模式能够确保实例必须先进入适当的状态，然后才能往下走。
4. 调度器模式。
5. 生产者 – 消费者模式，这是一种很常见的并发设计模式，能够把事件的派发逻辑与处理逻辑清晰地切割开，让我们分别进行管理。

推荐阅读

编程原则：来自代码大师Max Kanat-Alexander的建议

作者：[美] 马克斯·卡纳特-亚历山大 译者：李光毅 书号：978-7-111-68491-6 定价：79.00元

Google 代码健康技术主管、编程大师 Max Kanat-Alexander 又一力作，聚焦于适用于所有程序开发人员的原则，从新的角度来看待软件开发过程，帮助你在工作中避免复杂，拥抱简约。

本书涵盖了编程的许多领域，从如何编写简单的代码到对编程的深刻见解，再到在软件开发中如何止损！你将发现与软件复杂性有关的问题、其根源，以及如何使用简单性来开发优秀的软件。你会检查以前从未做过的调试，并知道如何在团队工作中获得快乐。

推荐阅读

Java核心技术 卷I：基础知识（原书第10版）

书号：978-7-111-54742-6 作者：（美）凯 S. 霍斯特曼（Cay S. Horstmann） 定价：119.00元

Java领域最有影响力和价值的著作之一，与《Java编程思想》齐名，10余年全球畅销不衰，广受好评

根据Java SE 8全面更新，系统全面讲解Java语言的核心概念、语法、重要特性和开发方法，包含大量案例，实践性强

本书为专业程序员解决实际问题而写，可以帮助你深入了解Java语言和库。在卷I中，Horstmann主要强调基本语言概念和现代用户界面编程基础，深入介绍了从Java面向对象编程到泛型、集合、lambda表达式、Swing UI设计以及并发和函数式编程的最新方法等内容。

推荐阅读

OpenShift开发指南（原书第2版）

作者：[美] 约书亚·伍德(Joshua Wood) [美] 布赖恩·坦努斯(Brian Tannous)

译者：沈卫忠 姜万里 等 定价：69.00元 书号：978-7-111-72146-8

学习使用OpenShift和Quarkus Java开发框架并辅以经过验证的企业技术和最佳实践来开发和部署应用程序，并将这些成熟的企业技术和最佳实践应用于任何程序语言的代码开发过程。

本书解释了什么是OpenShift以及如何使用它来构建应用程序、运行它们，并使它们能够在面对各种复杂情况时保持运行。本书的内容包括：OpenShift及其组件和基本概念；如何运行OpenShift；如何配置OpenShift；OpenShift流水线；如何通过手动和自动的方式检查、操作和扩展正在运行的应用程序，如何设置OpenShift以定期检查应用程序的健康状况，以及如何管理应用程序的新版本发布；OpenShift的监控和告警功能；OpenShift的自动化特性。